288道 断乳食

宝宝健康有保障

孙晶丹 主编

新疆人民出版总社
新疆人民卫生出版社

编辑室
报告

这几年很多家长都曾为肥胖症与小儿过敏感到头痛，新手爸妈们常常困扰于宝宝的饮食问题。于是，这本书诞生了！

开启宝宝的健康人生

断乳期是宝宝从母乳、牛奶过渡到固体食物的时期，由于宝宝的身体构造尚未发育成熟，绝对不能直接食用大人的食物，因此，需要依宝宝的状况与月龄来给予不同的断乳食。这个时期不但是宝宝生平第一次接受固体食物，同时也是奠定他往后饮食选择与爱好的重要时期。本书爬梳出断乳期的所有相关知识，为爸妈提供一个有系统而且快速上手的育儿指南，让宝宝的需求快速而准确地被掌握。

天然蔬果力

植物营养素是最新的饮食概念，本书大篇幅载录红色、橙黄色、绿色、蓝紫色以及白色蔬果该如何挑选、清洗以及保存，使爸妈有条不紊地完成制作断乳食的前置作业，让宝宝快乐进食再也不是件难事！

丰富的断乳食谱

相信很多爸妈都曾面临不知该为宝宝准备何种断乳食的窘况，书中大量收录初期、中期以及后期的断乳食谱，让爸妈再也不必为宝宝的饮食感到烦恼，还能依照宝宝个人所需，快速搭配出最适合的断乳菜单。

目录 CONTENTS

002　　**编辑室报告**

Part1
断乳基础知识

10　打造健康人生，由宝宝"零"岁开始！
12　宝宝的营养食品目录
16　断乳初期小秘笈
18　断乳中期小秘笈
20　断乳后期小秘笈
22　断乳食好帮手：工具介绍
24　断乳食物的基本方法

Part2
初期断乳食谱84道

030　草莓汁	039　菠菜鸡蛋糯米糊	051　苹果泥
030　草莓米糊	039　酪梨紫米糊	053　萝卜水梨米糊
030　草莓水果酱	041　栉瓜小米糊	053　萝卜糯米稀粥
031　西红柿汁	041　大白菜汤	053　燕麦米糊
031　樱桃米糊	041　麦粉糊	054　板栗米糊
032　西瓜汁	043　西蓝花米粉糊	054　豆浆
032　西瓜米糊	043　菠菜米糊	054　豆腐草莓酱
032　胡萝卜乳酪	043　菠菜牛奶稀饭	055　红椒苹果泥
033　红枣泥	045　牛奶芝麻糊	055　红薯樱桃米糊
033　红枣糯米糊	045　李子米糊	057　油菜水梨米糊
034　红薯米糊	045　海带蛋黄糊	057　萝卜菜豆米糊
034　红薯胡萝卜米糊	046　水梨米糊	057　土豆哈密瓜米糊
034　柿子米糊	046　豆腐茶碗蒸	059　包菜黄瓜糯米糊
035　胡萝卜南瓜米糊	046　香蕉豆腐米糊	059　菠菜桃子糊
035　甜南瓜米糊	047　香蕉酸奶	059　酪梨土豆米糊
036　胡萝卜牛奶汤	047　花菜苹果米糊	060　猕猴桃萝卜米糊
036　豆浆红薯米糊	048　香蕉牛奶米糊	061　菠菜香蕉泥
036　法式南瓜浓汤	048　香蕉糊	063　葡萄乳酪
037　南瓜肉汤米糊	048　土豆牛奶汤	063　西蓝花豆浆汤
037　南瓜板栗粥	049　土豆米糊	063　紫米上海青米糊
038　芹菜蛋黄米糊	049　包菜苹果米糊	065　胡萝卜水梨米糊
038　哈密瓜果汁	051　甜梨米糊	065　栉瓜茄子糯米糊
038　哈密瓜米糊	051　苹果汁	065　水蜜桃香蕉米糊

067	南瓜包菜粥	070	蔬菜小米糊	072	蔬菜红薯泥
067	玉米土豆米糊	070	苹果柳橙米糊	072	菜豆胡萝卜汤
067	法式蔬菜汤	070	红薯紫米糊	072	西蓝花胡萝卜粥
068	青菜泥	071	柿子三米糊	073	蔬菜鸡胸肉汤
069	包菜菠萝米糊	071	哈密瓜红薯米糊	073	橘子上海青米糊

Part3
中期断乳食谱101道

077	参汤鸡肉粥	083	菠菜优酪乳	091	芋头稀粥
077	银杏板栗鸡蛋粥	084	椰菜牛奶粥	091	香菇粥
077	木瓜泥	084	绿椰蛋黄泥	092	煮豆腐鸡
079	什锦蔬菜粥	084	蔬菜优酪乳	092	新鲜水果汤
079	南瓜蛤蜊浓汤	085	丝瓜米泥	092	莲藕鳕鱼粥
079	南瓜面线	085	鳕鱼花椰粥	093	炖包菜
080	胡萝卜泥	086	白菜豆腐粥	093	鲜菇鸡蛋粥
080	香橙南瓜糊	086	丁香鱼菠菜粥	095	板栗鸡肉粥
080	甜南瓜小米粥	086	菜豆粥	095	核桃拌奶
081	橘香鸡肉粥	087	豌豆洋菇芝士粥	095	鸡肉双菇粥
081	鸡肉南瓜粥	087	豌豆糊	096	奶香芋泥
082	鸡肉糯米粥	089	水果土豆粥	096	土豆糯米粥
082	鸡蛋甜南瓜粥	089	牛肉包菜粥	096	山药秋葵
082	牛肉菠菜粥	089	丁香鱼豆腐粥	097	豌豆布丁
083	丝瓜瘦肉粥	091	杏仁豆腐糯米粥	097	豌豆土豆粥

098　芝麻糙米粥
099　鳕鱼豆腐稀粥
100　茭白金枪鱼粥
100　包菜素面
100　紫米豆花稀粥
101　黄花鱼豆腐粥
101　鲜鱼白萝卜汤
103　萝卜秀珍菇粥
103　西红柿土豆
103　蔬果鸡蛋糕
104　西红柿牛肉粥
105　吐司玉米浓汤
107　西红柿瘦肉粥
107　牛肉白萝卜粥
107　秀珍豆腐稀粥
109　豆腐秋葵糙米粥
109　椰菜炖苹果
109　鳕鱼菠菜稀粥
110　土豆芝士粥

110　土豆金枪鱼蒸蛋
110　丁香鱼粥
111　白菜清汤面
111　紫茄菠菜粥
112　鳕鱼白菜面
112　豆腐菜豆粥
112　小白菜玉米粥
113　水梨胡萝卜粥
113　牛肉南瓜粥
115　奶香芋头玉米泥
115　红薯炖水梨
115　红薯炖苹果
116　南瓜豆腐泥
116　胡萝卜甜粥
116　土豆瘦肉粥
117　梨栗南瓜粥
117　椰菜红薯粥
118　嫩鸡胡萝卜粥
118　蔬菜玉米片粥

118　苹果菠萝布丁
119　菜豆牛肉粥
119　黄豆蔬食粥
121　白菜胡萝卜汤
121　鱼肉白菜粥
121　芹菜红薯粥
123　水果乳酪
123　鸡肉鲜蔬饭
123　紫米豆腐稀粥
124　鸡肉白菜粥
124　椰菜鸡肉粥
124　红薯紫米粥
125　糙米南瓜粥
125　豆腐萝卜泥
126　鳕鱼南瓜粥
126　蛋黄粥
127　优酪乳白米粥
127　鸡肉粥

Part4
后期断乳食谱103道

130　甜红薯丸子
131　肉丸子
133　胡萝卜炒蛋
133　牛肉红薯粥
133　南瓜羊羹
134　鸡蛋南瓜面
134　鲭鱼胡萝卜稀饭
134　萝卜肉粥
135　豌豆薏仁粥
135　丝瓜芝士拌饭
135　综合蒸蛋
137　西蓝花土豆泥
137　芹菜鸡肉粥
137　排骨炖油菜心
138　牛肉海带汤
138　鳕鱼紫米稀饭

138　火腿莲藕粥
139　牛肉土豆炒饭
139　牛蒡鸡肉饭
141　白菜牡蛎稀饭
141　秀珍菇粥
141　秀珍菇莲子粥
142　豆腐牛肉粥
142　松茸鸡汤饭
142　法式牛奶吐司
143　洋葱玉米片粥
143　香蕉蛋卷
144　核桃萝卜稀饭
144　芝士糯米粥
144　包菜鸡蛋汤
145　燕麦秀珍菇粥
145　鸡肉土豆糯米粥

147　鸡肉意大利炖饭
147　糯香鸡肉粥
147　苹果牛肉豆腐
149　鳕鱼包菜汤饭
149　牛蒡发菜稀饭
149　豆浆芝麻鱼肉粥
150　松子银耳粥
150　茄子豆腐粥
150　虾仁包菜饭
151　鲜虾花菜
151　水果蛋卷
152　水果煎饼
152　茄子稀饭
152　五彩煎蛋
153　红苋菜红薯糊
153　牛肉松子粥
155　甜椒蔬菜饭
155　鲜虾玉米汤
155　土鸡汤面
156　大白菜萝卜稀饭
156　牛肉山药粥
156　豆腐蛋黄泥
157　豆腐蒸蛋
157　西蓝花炖饭

158　秋葵香菇稀饭
158　菠菜嫩豆腐稀饭
158　燕麦核桃布丁
159　金枪鱼土豆粥
159　金枪鱼饭团
161　鸡肉洋菇饭
161　鸡肉蛋包饭
161　鸡丝汤饭
163　牛肉白菜粥
163　鲷鱼白菜稀饭
163　什锦面线汤
164　香菇蔬菜面
165　芝士风味煎豆腐
167　海带菜豆粥
167　芝麻黄瓜粥
167　菠菜鳕鱼粥
168　洋葱牛肉汤
168　包菜通心面汤
168　甜南瓜拌土豆
169　蔬菜土豆饼
169　虾仁胡萝卜泡饭
170　鸡肉炒饭
170　土豆芝士糊
170　土豆粥

171　菠菜南瓜稀饭
171　牛肉饭
173　洋菇黑豆粥
173　紫茄土豆芝士泥
173　蔬菜鸡蛋糕
175　牛肉蔬菜汤
175　南瓜芋丸
175　胡萝卜酱卷三明治
176　蔬果吐司蒸蛋
176　鳕鱼油菜粥
177　生菜牛肉卷
177　芥菜蛤蜊味噌粥
179　豌豆鸡肉稀饭
179　小白菜玉米粥
179　小白菜核桃粥
180　豆皮芝士饭
180　牛肉茄子稀饭
180　牛肉蘑菇营养粥
181　胡萝卜发糕
181　黑豆胡萝卜饭
183　黑芝麻拌饭
183　鸡肉红薯蒸蛋
183　鸡肉番茄酱面

Part5
宝宝的一周彩红菜单

186　初期彩虹菜单
188　中期彩虹菜单
190　后期彩虹菜单

part 1
断乳基础知识

宝宝终于要从母乳、配方奶进到固体食物了！本篇章详细介绍了五色蔬果所含植物营养素、常用食材及工具介绍、爸妈们常面临的问题和断乳食物的基本方法，希望可以在爸妈们制作断乳食物前，先建构一套有系统的基础知识。

打造健康人生，
由宝宝"零"岁开始！

植物是人类最早的食物，也是最好的朋友！近年来，植物营养素的概念在台湾蔚为流行，人们普遍开始重视及检视自己摄取的植物营养素是否足够，相较于此，有部分爸妈却正为宝宝的饮食习惯感到困扰，这些宝宝不习惯蔬果的纤维口感，甚至产生排斥心理，追根究底都是由于断乳时期没有为宝宝建立一套健康而营养均衡的饮食计划。

本书以"五色蔬果"的植物营养素概念，结合其他营养素，为宝宝搭配出数百道断乳食谱，期待让宝宝在红色、橙黄色、绿色、蓝紫色以及白色蔬果中找到"食的乐趣"，进而喜欢上蔬果口感，养成在生活中食用蔬果的习惯。

红色蔬果力

红色蔬果含有大量花青素及茄红素，前者可强化微血管弹性、促进循环，并发挥保护视网膜之功用；后者能够帮助强化心脏，使人精神焕发，维持体温及增强血液循环，并帮助身体清除自由基，使其免去侵害，具备很强的抗氧化效用。

由于具备高度抗氧化功能，红色蔬果可因此改善情绪焦虑，也有助纾解疲劳，可说是血液中铁质的最佳来源之一。茄红素可以提升肝脏机能、健全消化器官、解除便秘，以及促进尿道系统健康、预防糖尿病，并增强表皮细胞再生、防止皮肤衰老，更可以大大降低罹癌几率。

橙黄蔬果力

橙黄色蔬果含有大量植物营养素，像类生物黄碱素及胡萝卜素，前者可阻挡自由基对身体产生不好的作用；后者含有大量β-胡萝卜素，这些β-胡萝卜素进到人体可以转化成维生素A，维持眼睛和皮肤的健康，让皮肤粗糙及夜盲症的状况获得改善。

橙黄色蔬果所含的植物营养素，具备抗氧化、抗衰老作用，可以维持造血功能、提升免疫力、以及降低罹癌几率，还可改善消化系统毛病，具有益气健脾、保护心血管系统、维护心脏健康等多重作用。

橙黄色蔬果大多具有甜味，建议做成零食或酱汁应用到断乳食谱中，甚至也可以让有肥胖问题的孩子当做糖类来使用，让孩子只接触天然甜味，降低对身体的负担。

绿色蔬果力

绿色蔬果含有大量植物营养素，如黄体素、叶绿素、镁及钾等。黄体素可预防及减慢视网膜黄斑病变的发生，有助视力健康的维护，也可预防白内障、心脏病及癌症、强健骨骼与牙齿；叶绿素有助加快新陈代谢，并参与造血、延缓老化，甚至能够降低血压及胆固醇。

镁可以防止钙与钾的流失，维持骨骼生长及神经肌肉的构成，并维护肠道功能的健全及平衡。钾可说是人体内极为重要的矿物质之一，不但可以维护蛋白质的正常代谢，还能够维持细胞内正常的渗透压，更可以维护心肌功能的正常。

蓝紫色蔬果力

蓝紫色蔬果富含前花青素以及花青素。前花青素主要功能则是抗氧化、抗衰老、增进记忆功能，及有助预防心脏病、癌症、促进呼吸及尿道系统健康，除具有保护血管的效用、维护人体血液循环系统的健康，还能够阻止胆固醇囤积在动脉管壁上，进而维护血液流通的顺畅。

花青素对视力衰退及眼睛疲劳、视网膜病变具有预防功效，以蓝紫色蔬果外表来看，其颜色越深，花青素的含量也越高。

白色蔬果力

白色蔬果可以增进肺功能，使人体呼吸顺畅、保持皮肤健康、使人充满元气并提高抵抗力，其富含花黄素，可通过抗氧作用来减缓老化，其抗癌作用也可阻止癌细胞的扩散。

整体而言，白色蔬菜所含的植物营养素可以维护心脏健康、降低胆固醇、对呼吸系统有很好的帮助，并能协助排出体内的有害物、提高免疫力及降低罹癌风险。

宝宝的营养食品目录（一）

覆盆子

樱桃

红豆

圣女果

柠檬

柿子

猕猴桃

黄瓜

胡萝卜

宝宝的营养食品目录（二）

青椒

西洋梨

油菜

苦瓜

茼蒿

丝瓜

生菜

豌豆

红苋菜

宝宝的营养食品目录（三）

黑豆

木耳

南瓜

海带

水蜜桃

柿子

青苹果

荔枝

无花果

宝宝的营养食品目录（四）

杨桃

黄豆

燕麦

姜

红薯

莲雾

核桃

豆腐

儿童乳酪

断乳初期小秘笈

Q 宝宝出生满四个月后，可以增加到每天喂食两次断乳食物吗？

A 建议开始执行断乳食之后的一个月，可将每日断乳食物的喂食次数增加到两次。若是宝宝对于断乳食物不感到排斥，但整体食量却未见提升，可在喂食次数上稍作调整。

Q 制作断乳食物的时候是否可使用市售鲜乳？

A 不可以。断乳初期宝宝的消化功能尚未完善，鲜乳的蛋白质分子却很大，容易给宝宝的消化系统带来负担，甚至可能产生食物过敏的现象，建议这个阶段在制作断乳食物时，使用母乳或是配方奶。

Q 可以让宝宝饮用市售优酪乳吗？

A 在这个时期不要让宝宝直接饮用优酪乳，建议挑选无糖的原味制品，并搭配其他天然食材一起使用，这远比单喝优酪乳有助于宝宝的吸收。

Q 可以每天给宝宝喂食两次相同的断乳食物吗？

A 虽然可以每天给宝宝喂食两次相同的断乳食物，但不建议。这样容易使宝宝对于断乳食物产生厌倦，并且减少对各种食物的兴趣及体验次数，建议爸妈们还是尽量在断乳食物上作些变化。

Q 如果宝宝直接把断乳食物吞咽下去，消化系统是否会受影响？

A 这个问题爸妈们无需太过担心，由于初期断乳食物在制作时，便以容易消化的糊状流食为制作目标，因此即使宝宝直接吞咽下去，也无需担心会给肠胃带来不好的影响，这是宝宝自己学会吃饭的必经过程，爸妈们无需过度担忧。

Q 如果爸妈白天要上班，晚上才能给宝宝喂食第二次断乳食物，会造成不好的影响吗？

A 这样不会产生不好的影响，喂食第二次断乳食物的关键不在于时间，而在于喂食的规律，务必要喂食完第二次断乳食才喂奶。并且喂奶后不要让宝宝直接入睡，需等宝宝消化一段时间才可哄他入睡。

Q 断乳食物的适宜温度是多少？

A 宝宝对于温度的感觉比大人敏感，爸妈们一定得留意断乳食物的温度，由于手肘内侧对于温度感觉较敏感，因此建议在喂食宝宝前，先以手肘内侧测试食物的温度刚刚好，才进行喂食。

Q 若听说哪些食材容易引起宝宝的过敏反应，是否要全部避开？

A 爸妈们如果过多限制断乳食物的种类，对宝宝的生长发育极为不利。每个宝宝对食物的过敏来源本就不同，爸妈们可以在尝试喂食新食物后，观察宝宝的反应，看是否长小疹子或是嘴唇变鲜红、腹泻，若是出现这些现象便要及时咨询医生。

Q 如果宝宝总是喜欢把食物含在嘴里不吞咽，怎么办才好？

A 如果宝宝总是喜欢把食物含在嘴里不吞咽，代表嘴里的食物太多，或是食物不够松软。爸妈们这时可以借此调整断乳食的软烂程度，让宝宝更好吞咽，另外，喂食宝宝时也不宜一口分量过多，建议不超过一小匙才好。

断乳中期小秘笈

Q 要如何让宝宝在断乳食物上摄取均衡营养呢？

A 爸妈们在拟定宝宝的菜单时，需注意各种营养素的均衡搭配，如果一餐做不到，建议可以利用一周来做完整规划，使用不同颜色的蔬菜作为宝宝的菜单主轴，也是很棒的方法之一。

Q 宝宝拥有旺盛的食欲，是否可以将断乳食物的喂食次数改为三次？

A 通常都会建议宝宝满九个月之后，断乳后期喂食次数才增为三次，但如果宝宝食欲旺盛，而且消化正常，也可以将喂食次数增至三次，不过如果爸妈们还想要让宝宝喝奶，建议还是维持一日两次的喂食频率。

Q 宝宝吃过断乳食物后还能喝下许多奶，这样没关系吗？

A 宝宝吃过断乳食物之后的奶量建议由宝宝自己来掌握，爸妈们或许会认为宝宝喝奶过量，但只要宝宝本身食欲旺盛，消化维持正常，建议不要限制宝宝的喝奶量。

Q 宝宝由于吃了断乳食物后，只喝了少量的奶，这样正常吗？

A 宝宝通过中期断乳食物就能得到一定营养，爸妈们无需为宝宝喝奶量减少过于忧虑，但如果宝宝的喝奶量锐减许多，爸妈们便需要合理地调整喝奶时间以及断乳食物的喂食分量。

Q 宝宝长出门牙后可以喂食较硬的食物吗？

A 宝宝使用臼齿来咀嚼较硬的食物，即使宝宝长出门牙，可以用来咬碎食物，但没有臼齿来辅助，对于咀嚼较硬的食物还是有其困难度的。因此，在宝宝尚未长出臼齿前，建议爸妈们最好还是维持目前断乳食的软硬度才好。

Q 宝宝常常直接把食物吞咽下去，有什么办法可以帮助他来习惯咀嚼吗？

A 宝宝会把食物吞咽下去，常常是因为断乳食物太软或太稀，也有可能因为喂食的间隔过长，宝宝过于饥饿，爸妈们需就情况来作适度修正，前者可在断乳食物的软硬程度上作调整，后者则需重新调配宝宝的用餐时间。除此之外，爸妈们也可在喂食时，做咀嚼动作给宝宝模仿。

Q 宝宝的胃口一直很好，吃了很多断乳食物，配方奶及母乳也喝了不少，却没有变胖，是不是身体出了问题？

A 宝宝的发育情况因人而异，如果和其他宝宝相比较少也无需担心，现在虽然体型较小，但未来很可能在某一时期忽然快速成长，因此只要观察宝宝的健康状况良好，也没有消化不良或其他身体不适的状况便无需担心。

Q 宝宝因感冒腹泻，停掉断乳食一段时间，这期间只喂食母乳及配方奶，当宝宝恢复健康后，想重新开始断乳食，应该注意一些什么呢？

A 开始断乳食的时候，要回复到稍早之前的阶段，给予宝宝较软的食物。由于需要给宝宝的肠胃一段时间来适应断乳食物，如果一味想在短时间补回之前未给宝宝的断乳食，反而会增加宝宝消化系统的负担。

断乳后期小秘笈

Q 淡味食物需要维持到什么时候呢?

A 淡味食物最好维持到宝宝断乳阶段结束,所有断乳食物都要保持味道清淡,这样对宝宝较好。断乳后期,爸妈们可适时在宝宝的饮食中增添少量芝士、奶油、番茄酱等来丰富口味,但还是要秉持淡味原则,切记不可添加太多。

Q 断乳后期需严格执行一日三餐吗?

A 整体而言,建议爸妈们依照宝宝的具体状况来作调整。到了断乳后期,建议尽早让宝宝适应一日三餐的喂食,宝宝的适应能力其实远比大人想像得强,尽早开始一日三餐的喂食,不但有助锻炼宝宝的消化能力,宝宝也能摄取到足够的营养。

Q 可以给宝宝食用油炸食物吗?

A 断乳后期宝宝的消化能力进一步增强了,因此,给宝宝吃一点油炸食物也无妨,但建议爸妈们最好在制作油炸食物时,使用新鲜的植物油较佳。

Q 宝宝将肉块含在嘴里不咀嚼,有什么办法可以改善吗?

A 宝宝将肉块含在嘴里不咀嚼,是代表肉块大多老硬,想用唾液把肉块浸软,爸妈们无需对此太过忧心。建议爸妈们把肉块做得更软嫩些,可以在料理时混合豆腐或蔬菜,让宝宝更好咀嚼。

Q 宝宝一日三餐是否必须不一样?

A 如果可以做到宝宝一日三餐都不相同固然最好,但考虑爸妈们普遍忙碌,可能没有充裕时间来准备宝宝的一日三餐,因此到了断乳后期,建议爸妈们也可以加工大人的饮食,做成适合宝宝食用的断乳食物。

Q 如果宝宝只爱吃面条,不爱吃饭怎么办?

A 如果宝宝喜欢吃面条,爸妈们就可多喂些面条,不必强迫宝宝一定要改吃米饭。只是宝宝长期吃面条，很容易养成偏食的习惯，爸妈们必须在断乳食物上多换花样，让宝宝在接受不同种类断乳食的同时，也达到均衡营养的目标。宝宝喜欢吃面条，多半是因为面条细软好嚼，爸妈们可在饭里增加海鲜或蔬菜末，让饭的口感更软嫩些。

Q **可能因为经常在饭上撒蔬菜或海鲜末喂食宝宝，现在如果只有白饭宝宝就不吃了，怎么办才好？**

A 虽然爸妈们可以自己动手制作饭上的配菜来控制盐分，但长久如此，宝宝恐怕无法体验白饭的美味，建议爸妈们可在断乳食物的形状上作变化，例如以可爱的饭团模具来压型，借此让宝宝增加对白饭的兴趣。

Q **宝宝对于市售的咸味食物很感兴趣，可以给他吃吗？**

A 建议避免，因为给予盐分太多的食物，有两项坏处，第一，宝宝很可能养成只对重口味食物感兴趣的习惯；第二，容易对宝宝的消化器官造成负担。宝宝想要米菓这样硬的食物，很可能是因为长牙齿会痒的关系，市面上有贩售专门给宝宝磨牙用的淡味小饼干，可作替代。

Q **有什么办法可以训练宝宝使用吸管？**

A 宝宝在初次使用吸管会有一定难度，爸妈们可用宝宝果汁的铝箔包装来训练宝宝使用吸管，轻轻挤压纸盒，里面的液体便会自动流进吸管里，让宝宝很轻松便能吸食到果汁。

断乳食好帮手：工具介绍（一）

电子秤

打蛋器

蜂蜜勺

计量匙

榨汁、研磨和过滤器

研钵

断乳食好帮手：工具介绍（二）

压泥器

宝宝餐具（一）

宝宝餐具（二）

宝宝餐具（三）

果汁机

饼干模型

断乳食物的基本方法（一）

研磨步骤一

研磨步骤二

研磨步骤三

挤压步骤一

挤压步骤二

挤压步骤三

断乳食物的基本方法（二）

榨汁步骤一

榨汁步骤二

榨汁步骤三

手动榨汁步骤一

手动榨汁步骤二

手动榨汁步骤三

断乳食物的基本方法（三）

磨泥步骤一

磨泥步骤二

磨泥步骤三

过滤步骤一

过滤步骤二

过滤步骤三

断乳食物的基本方法（四）

海带高汤

材料
干海带 10 克
柴鱼片 5 克

做法

1 当水煮沸时，放入全部食材，再一次煮沸后，盖上锅盖，以小火熬煮至汤汁剩下一半。

2 用滤网过滤出汤汁。

3 等汤汁放凉后，放入制冰盒中冷冻保存。

4 取出海带高汤的冷冻块，放入保鲜袋中，注明日期，再放入冷冻库中备用即可。

蔬菜高汤

材料
西芹 20 克（切段）
包菜 50 克（切大片）
胡萝卜 100 克（切滚刀块）
白萝卜 150 克（切滚刀块）

做法

1 当水煮沸时，放入全部食材，再一次煮沸后，盖上锅盖，以小火熬煮。

2 等到汤汁剩一半后，用过滤网滤出汤汁。

3 放凉后，放入制冰盒中冷冻。

4 取出蔬菜高汤的冷冻块，放入保鲜袋中，注明日期，再放入冷冻库中备用即可。

鸡骨高汤

材料
鸡胸骨一副（切块）
西芹 20 克（切段）

做法

1 当水煮沸时，放入全部食材，再一次煮沸后，盖上锅盖，以小火熬煮至汤汁剩下一半。

2 用过滤网滤出汤汁。

3 放凉后，放入制冰盒中，冷冻保存。

4 取出鸡骨高汤的冷冻块放入保鲜袋中，注明日期，再放入冷冻库中备用即可。

part 2
初期断乳食谱
84道

这个阶段主要是训练宝宝的吞咽能力。离乳初期，食物都要做成稀粥状，妈妈不必每天费心更换食物种类，请根据宝宝的食欲循序渐进地完成本阶段的任务。

草莓富含维生素 C，对宝宝健康十分有益。

草莓汁

材料（宝宝一餐份）
草莓 2 个

小叮咛 ·····················

草莓所含胡萝卜素是合成维生素 A 的重要物质，其中果胶和膳食纤维能够帮助宝宝消化及排便。

做法

1 将草莓清洗干净，切除绿蒂，再放入研磨砵内研碎。

2 倒入过滤网中，用汤匙背压挤过滤，加入适量开水即可。

绵密的鲜甜口感，让宝宝一口接着一口。

草莓米糊

材料（宝宝一餐份）
白米糊 60 克，草莓 2 个

小叮咛 ·····················

草莓果食里的籽可能会让宝宝噎到，所以要尽量磨碎或用滤网过滤后再烹调。

做法

1 草莓用水洗净后，去蒂、籽，磨成泥。

2 加热白米糊，将磨好的草莓泥放入米粥里，略煮一下即可。

草莓的可口滋味，在果酱制作中完整地保留了下来。

草莓水果酱

材料（宝宝一餐份）
莲藕粉适量，白糖适量，草莓适量，果汁适量

小叮咛 ·····················

在家自制新鲜草莓水果酱可让宝宝吸收到完整的维生素 C，也可让宝宝学习吞咽的动作。

做法

1 新鲜草莓洗净后去蒂，用研磨器磨成泥。

2 莲藕粉用水调成浆。

3 锅中放入白糖和少量的清水煮沸，再加入草莓泥，以小火稍煮。

4 最后加入莲藕浆和果汁，边加边搅拌到一定浓稠度，放凉即可。

让宝宝从小爱上天然蔬果的新鲜味道。

西红柿汁

材料（宝宝一餐份）
西红柿 100 克
做法

1 先将洗净的西红柿去蒂，放入热水中焯烫，取出后去皮、切碎，再放入研磨器中挤压出汁。

2 用过滤网滤出果汁。

3 最后再加入冷开水稀释即完成。

小叮咛

西红柿不同于一般蔬果，要趁新鲜食用。

樱桃特殊的酸甜滋味，能让宝宝食欲大开。

樱桃米糊

材料（宝宝一餐份）
白米糊 60 克，樱桃 3 个
做法

1 白米粥加水，放入搅拌器中，将其搅拌成米糊。

2 樱桃洗净、去籽，捣成泥备用。

3 加热白米糊，加入捣好的樱桃泥，拌匀即可。

小叮咛

常吃樱桃可以补充宝宝体内对铁质的需求，不仅可预防缺铁性贫血，还可强健体魄，使宝宝皮肤细白红润。

西瓜果肉多汁，含有丰富的维生素 A 及维生素 C。

西瓜汁

材料（宝宝一餐份）
西瓜 30 克

小叮咛 ·············
因为喂宝宝喝的果汁不会加热，所以要特别注意做好准备工作，在制作前，要先洗净双手，餐具和调理器要事先用热水消毒。

做法

1 西瓜切小块后，放入研磨器内磨成西瓜泥。

2 把西瓜泥倒在滤网内，滤出西瓜汁，倒入备好的碗中。

3 最后加入适量的冷开水稀释即可。

为宝宝在炎炎夏日做一道消暑料理吧！

西瓜米糊

材料（宝宝一餐份）
白米粥 60 克，西瓜 30 克

小叮咛 ·············
西瓜具有利尿作用，在喂食宝宝的时间上需多加注意，尽量不要在晚餐时间食用，以免宝宝夜晚频尿。

做法

1 白米粥加水，用搅拌器搅拌成米糊。

2 西瓜去皮、去籽后，切块并磨泥备用。

3 在拌好的米糊里，放进西瓜泥，稍煮片刻后即完成。

胡萝卜的鲜甜滋味在乳酪的陪衬下变得更为鲜明。

胡萝卜乳酪

材料（宝宝一餐份）
胡萝卜 10 克，蔬菜汤 15 毫升，乳酪 5 克

小叮咛 ·············
由于此时期的宝宝消化系统还在发育中，请选择未经成熟加工处理的新鲜乳酪，才不会为宝宝的肠胃带来负担。

做法

1 胡萝卜洗净、去皮，蒸熟并压成泥。

2 将乳酪捣成泥。

3 加热蔬菜汤，放入胡萝卜泥、乳酪泥，搅拌均匀即可。

红枣对宝宝的健康非常有益。

红枣泥

材料（宝宝一餐份）

红枣 20 克

做法

1 将洗净的红枣放入锅中，加入适量清水煮 15~20 分钟。

2 煮至红枣熟烂，放入冷开水中泡一下，再去皮、去核，压成泥状即可。

小叮咛

红枣富含蛋白质、脂肪、维生素 A、B_2、C、P 和钙、磷、铁、胡萝卜素，能提高宝宝的免疫功能。

part 2

红枣的甜糯口感深受许多宝宝喜爱。

红枣糯米糊

材料（宝宝一餐份）

白米糊 60 克，糯米糊 15 克，红枣 4 个

做法

1 将红枣洗净、蒸熟后，去皮、去核并磨成泥。

2 将白米糊、糯米糊混合并加热，放入磨好的红枣泥拌匀，再煮沸一次即完成。

小叮咛

保存红枣时，尽可能置于干燥通风处或冷冻库中，以免发生变质现象，造成红枣的腐坏。

为宝宝准备一份好吃的红薯断乳食吧！

红薯米糊

材料（宝宝一餐份）
白米粥 60 克，红薯 20 克

小叮咛

红薯含有多种营养素，其中膳食纤维可以促进宝宝的肠胃蠕动，帮助消化。

做法

1 将白米粥加水，搅拌成米糊。

2 将红薯皮削厚些，切成适当大小，放入锅里蒸熟并捣碎。

3 加热白米糊，放入红薯泥，用小火煮，搅拌均匀即可。

缤纷的食材颜色让宝宝增添食欲。

红薯胡萝卜米糊

材料（宝宝一餐份）
白米粥 60 克，红薯 10 克，胡萝卜 10 克

小叮咛

红薯和胡萝卜都含有丰富的 β - 胡萝卜素且口感绵密，非常适合宝宝学习吞咽。

做法

1 将白米粥加水，搅拌成米糊。

2 红薯蒸熟后，去皮、磨成泥。

3 胡萝卜削皮后，蒸熟、磨成泥。

4 加热白米糊，放进红薯泥和胡萝卜泥，熬煮片刻即可。

爱吃柿子的宝宝拥有极高免疫力，不常感冒。

柿子米糊

材料（宝宝一餐份）
白米粥 60 克，甜柿子 15 克

小叮咛

柿子所含维生素及糖分，比一般水果高 1~2 倍，宝宝食用柿子还可补充大量维生素 C。

做法

1 白米粥加水后，用搅拌器搅拌成米糊。

2 将甜柿子去皮和籽后，磨成泥。

3 将拌好的米糊加热后，放进柿子泥，再熬煮片刻即完成。

胡萝卜与南瓜的甜蜜魅力，连成人也难以抵抗。

胡萝卜南瓜米糊

材料（宝宝一餐份）

白米糊 60 克，南瓜 10 克，胡萝卜 10 克

做法

1 白米糊加水搅拌均匀。

2 将胡萝卜去皮后，蒸熟、磨成泥。

3 南瓜去皮、去籽后蒸熟，也磨成泥。

4 加热白米糊，放入胡萝卜泥、南瓜泥，稍煮片刻即完成。

小叮咛 ⟩ ⋯⋯⋯⋯⋯⋯⋯⋯⋯⋯⋯⋯⋯⋯⋯

宝宝不可过量食用胡萝卜，大量摄入胡萝卜素会令皮肤变成橙黄色。

宝宝第一眼就被这漂亮的橙黄色泽吸引住。

甜南瓜米糊

材料（宝宝一餐份）

白米糊 60 克，甜南瓜 10 克

做法

1 白米糊加水搅拌均匀。

2 甜南瓜去皮、去籽后，再蒸熟、磨成泥。

3 将磨好的南瓜泥，放入加热的米糊里，熬煮片刻即完成。

小叮咛 ⟩ ⋯⋯⋯⋯⋯⋯⋯⋯⋯⋯⋯⋯⋯⋯⋯

甜南瓜是典型的橙黄色蔬菜，味道香甜，很适合做副食品，既美味又营养，还能让宝宝感受到天然的味道。

胡萝卜被牛奶带出的甜味很得宝宝欢心。

胡萝卜牛奶汤

材料（宝宝一餐份）
胡萝卜 30 克，冲泡好的牛奶 45 毫升

做法
1 将胡萝卜洗净后，蒸熟、磨成泥。
2 将冲泡好的牛奶加热，放入胡萝卜泥，开小火，煮沸即可。

小叮咛 ⋯⋯⋯⋯⋯
胡萝卜表皮营养丰富，建议使用刨刀去皮，并尽量刮得薄一些，以防营养流失。

给宝宝在断乳初期尝试不同口感，可以增加其食欲。

豆浆红薯米糊

材料（宝宝一餐份）
白米糊 60 克，红薯 10 克，豆浆 100 毫升

做法
1 红薯洗净、去皮，蒸熟后磨成泥。
2 锅中放入白米糊、豆浆、磨好的红薯泥，搅拌均匀，待煮沸时，即完成。

小叮咛 ⋯⋯⋯⋯⋯
用豆浆代替水来煮粥，能够增加副食品的营养及口感。

不同的料理方式可以让南瓜口感更丰富。

法式南瓜浓汤

材料（宝宝一餐份）
南瓜 30 克，冲泡好的牛奶 45 毫升

做法
1 将南瓜洗净并切块，蒸熟后去籽、去皮，再磨成泥。
2 在南瓜泥中，加入冲泡好的牛奶，搅拌均匀即完成。

小叮咛 ⋯⋯⋯⋯⋯
南瓜营养成分很高，是维生素 A 的优质来源，特别是胡萝卜素含量，高居瓜类之冠。

让宝宝尝试不同方式烹煮的南瓜料理。

南瓜肉汤米糊

材料（宝宝一餐份）

白米糊 60 克，南瓜 10 克，肉汤适量

做法

1 先将肉汤放凉，待表面油脂凝结时，再用滤网过滤，除去肉渣和油脂。

2 将南瓜蒸熟后，去皮、去籽并磨成泥。

3 将肉汤放入米糊中煮开，再放入南瓜泥，用小火熬至沸腾即可。

小叮咛

南瓜口感绵密香甜，能够与大部分的断乳食材搭配料理，可说是相当理想的食材。另外，制作无油肉汤时，煮熟后需先过滤碎渣，再放入冷藏，最后将表面油膜取出即可。

南瓜与板栗的绵密组合让粥品口感更加好。

南瓜板栗粥

材料（宝宝一餐份）

白米糊 60 克，板栗 2 个，南瓜 10 克

做法

1 板栗蒸熟后，趁热磨碎。

2 将南瓜蒸熟，去籽、去皮，磨成泥备用。

3 米糊加热后，加入南瓜泥和板栗拌匀，以小火煮至沸腾即可。

小叮咛

板栗富含膳食纤维及维生素 C，煮熟后口感香甜，适合添加在断乳食物中。至于不易剥皮的部分，可先将板栗对切，放入开水中浸泡，再用筷子搅拌几下，板栗皮就会脱去，但浸泡时间不宜过长，以免流失营养。

芹菜有了蛋黄的滑润口感显得更为可口。

芹菜蛋黄米糊

材料（宝宝一餐份）
白米粥 60 克，芹菜 10 克，鸡蛋 1 个

小叮咛

芹菜含有丰富的维生素、纤维素，是宝宝摄取植物纤维的好来源。而蛋黄营养价值高，内含较多的维生素 A、D 和 B$_2$，可预防宝宝罹患夜盲症。

做法

1 将芹菜洗净后，切成丁备用。

2 将白米粥加水和芹菜，一起放入搅拌机中，搅拌成糊。

3 水煮鸡蛋后，取半个蛋黄磨成泥备用。

4 将芹菜米糊放入锅中，加入蛋黄泥煮熟即可。

哈密瓜自然的鲜甜味道很受宝宝喜欢。

哈密瓜果汁

材料（宝宝一餐份）
哈密瓜 100 克

小叮咛

哈密瓜中含有 B 族维生素，具备很好的保健功效，也含有很高的维生素 C 及叶酸，前者有助宝宝增强免疫力，后者可预防小儿神经管畸形。

做法

1 用汤匙挖取哈密瓜中心熟软的部分，放入果汁机中搅碎。

2 将果汁倒出，再用滤网过滤。

3 再用 2~3 倍的低温开水稀释即可。

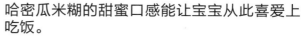

哈密瓜米糊的甜蜜口感能让宝宝从此喜爱上吃饭。

哈密瓜米糊

材料（宝宝一餐份）
白米糊 60 克，哈密瓜 50 克

小叮咛

宝宝在断奶初期可能会出现过敏症状，建议不要单独喂食水果，将水果加入米糊煮熟或是加开水稀释较佳。

做法

1 白米糊加水煮至沸腾。

2 去除哈密瓜籽和瓜皮，再用磨泥器磨成泥。

3 在煮好的白米糊中，加入哈密瓜泥，用小火煮 3 分钟即可。

菠菜的涩味焯烫后就全部消失了！

菠菜鸡蛋糯米糊

材料（宝宝一餐份）

糯米 10 克，菠菜 10 克，煮熟的蛋黄半个

做法

1 洗净糯米，将之浸泡 1 小时。

2 洗净的菠菜用开水焯烫后，去除水分备用。

3 把煮熟的蛋黄磨碎。

4 将糯米和菠菜一起放入搅拌器内，加水搅拌成糊，再放入锅中加热，最后加入蛋黄泥搅拌均匀即可。

小叮咛

菠菜富含铁质，能有效预防贫血，更是 β－胡萝卜素含量最高的绿色蔬菜，对宝宝成长非常有益。而蛋黄中的卵磷脂有助宝宝脑部发育，另外，所含叶黄素可保护视网膜及有助眼部发育。

酪梨的营养价值很高，对宝宝的发育十分有益。

酪梨紫米糊

材料（宝宝一餐份）

白米粥 30 克，紫米粥 30 克，酪梨 25 克

做法

1 将白米粥、紫米粥加水，放入搅拌器内磨碎。

2 酪梨去皮、去果核，再磨成泥备用。

3 加热米糊，将酪梨泥放入煮好的米糊里，拌匀即可。

小叮咛

酪梨糖分低、高热量，含有人体所需的大部分营养素，具有抗发炎、补充营养的功效，对宝宝身体的好处非常多。

part

2

栉瓜的清爽口感让宝宝体验不同的蔬菜滋味。

栉瓜·小·米糊

材料（宝宝一餐份）
白米 10 克，小米 10 克，栉瓜 15 克

小叮咛 ....
栉瓜具有清热利尿、润肺止咳、消肿散瘀的功能，还含有一种干扰素的诱生剂，可刺激身体产生干扰素。

做法

1 将白米、小米洗净，用清水浸泡 1 小时左右，加水后放入搅拌器中一起打成米糊。

2 栉瓜洗净后，磨成泥备用。

3 将栉瓜泥加入米糊中，以小火煮开即可。

在宝宝熟悉的味道中增添新奇感。

大白菜汤

材料（宝宝一餐份）
嫩大白菜叶 25 克，泡好的牛奶 50 毫升

小叮咛 ....
大白菜富含非水溶性膳食纤维，可促进肠胃蠕动，能帮助体内消化及排毒，非常适合有慢性便秘的宝宝食用。

做法

1 将洗净的大白菜叶切成小片，加水煮熟、捞出，放入研磨碗中压出菜汁，再用过滤网滤出菜汁。

2 将菜汁加入温牛奶中，搅拌均匀即可。

西蓝花为麦粉糊增添了新鲜口感。

麦粉糊

材料（宝宝一餐份）
燕麦粉 45 克，西蓝花 2 朵

小叮咛 ....
燕麦含有丰富的蛋白质、脂肪、钙、磷、铁及 B 族维生素，其脂肪含量为麦类之冠，维生素 B_1、B_2 相较白米含量高。

做法

1 将西蓝花洗净，取花蕾聚集而成的花苔部分，切碎后将其放入滚水中炖煮。

2 炖煮 10 分钟后，过滤、取西蓝花汁。

3 燕麦磨成粉，放进锅中并倒入适量西蓝花汁，均匀搅拌，煮开即可。

西蓝花常被使用在断乳食物中。

西蓝花米粉糊

材料（宝宝一餐份）
白米糊 60 克，奶粉 15 克，
西蓝花 10 克

小叮咛 ·····
西蓝花属于十字花科，它的
热量低、纤维多，而且富含
维生素 A 和维生素 C。

做法
1 西蓝花洗净、焯烫后，取花蕾部分剁碎。
2 将白米糊倒入锅中，加入奶粉搅拌均匀，再放入西蓝花末煮沸、拌匀即可。

加入米糊增加宝宝对菠菜的接受度。

菠菜米糊

材料（宝宝一餐份）
白米糊 60 克，菠菜
10 克

小叮咛 ·····
菠菜含有丰富的营养
物质，有较多的蛋白
质、无机盐和各种维
生素，其中维生素 A
的含量可以和胡萝卜
的相比，这些物质对
宝宝的生长发育具备
关键作用。

做法
1 菠菜洗净后，用开水焯烫并沥干水分。
2 将菠菜放入搅拌机中搅拌，再用滤网过滤。
3 在白米糊中放入菠菜泥并加热，煮开即完成。

在牛奶的润泽之下，宝宝不知不觉把菠菜都吃光了。

菠菜牛奶稀饭

材料（宝宝一餐份）
白米糊 60 克，菠菜 5
克，牛奶（配方奶）
70 毫升

小叮咛 ·····
菠菜富含胡萝卜素、
维生素、铁等，可预
防宝宝感冒。另外还
含有叶酸，可让宝宝
的脑血管保持健康。

做法
1 菠菜挑选嫩叶，焯烫后捞出，挤干水分后，用研磨器磨成泥。
2 将菠菜和牛奶放入白米糊中，熬煮片刻即可。

黑芝麻让食物闻起来更香，有助刺激宝宝的食欲。

牛奶芝麻糊

材料（宝宝一餐份）
黑芝麻 5 克，配方奶粉 10 克

小叮咛
黑芝麻的蛋白质含量多于肉类，氨基酸含量十分丰富，含钙量为牛奶的 2 倍，含铁量是猪肝的 1 倍。

做法

1 将黑芝麻磨成粉末。

2 把配方奶粉、水、黑芝麻粉搅拌均匀。

3 最后熬煮成芝麻糊即可。

李子性质偏凉，不适合让宝宝一次吃太多。

李子米糊

材料（宝宝一餐份）
白米糊 60 克，李子 25 克

小叮咛
李子含有大量的膳食纤维，可帮助调解消化系统的功能，并含有多种抗氧化物，适合体力虚弱、食欲不振的宝宝食用。

做法

1 白米糊加水搅拌均匀。

2 李子洗净，去籽和皮后，磨成泥。

3 白米糊煮开后，加入李子泥搅拌均匀即可。

海带的清爽口感让粥品变得更好吃。

海带蛋黄糊

材料（宝宝一餐份）
蛋黄半个，海带汤 45 毫升

小叮咛
幼儿时期是大脑发育的最关键时刻，卵磷脂可以促进大脑神经系统与脑容积的增长与发育，所以蛋黄对于宝宝来说是一种良好的健康食物。

做法

1 锅中倒入海带汤，再放入半个蛋黄煮至沸腾。

2 将海带蛋黄汤放入研磨器中，再将蛋黄磨细即完成。

天气炎热时，为宝宝准备水梨断乳食清凉一夏吧！

水梨米糊

材料（宝宝一餐份）
白米粥 60 克，水梨 15 克

做法

1 白米粥加适量水，搅拌成米糊。

2 水梨去皮、去果核，再磨成泥备用。

3 加热白米糊，放入磨好的水梨泥，再稍煮片刻即完成。

小叮咛 ....

水梨是碱性食品，甜味较重，有利尿的作用，可有效预防及消除便秘。

很多宝宝都喜欢豆腐的滑嫩口感。

豆腐茶碗蒸

材料（宝宝一餐份）
嫩豆腐 15 克，高汤 15 毫升，蛋黄 1/3 个

做法

1 将嫩豆腐洗净，再研磨成泥。

2 取 1/3 个蛋黄备用。

3 将豆腐泥加入高汤、蛋黄搅拌均匀，放入蒸锅中，蒸熟即可。

小叮咛 ....

豆腐适合宝宝肠胃，有益其神经、血管、大脑的生长发育，但不可与蜂蜜同吃。

香蕉的淀粉含量很高，因此容易让宝宝产生饱足感。

香蕉豆腐米糊

材料（宝宝一餐份）
白米粥 60 克，香蕉 10 克，豆腐 10 克

做法

1 香蕉去皮，磨成泥；豆腐焯烫后捣碎，备用。

2 白米粥加水搅拌成米糊，再加入香蕉泥、豆腐泥，用小火慢慢熬煮即可。

小叮咛 ....

香蕉几乎涵盖所有维生素和矿物质，而且食物纤维的含量丰富，具有很好的通便效果。

香蕉与酸奶的结合，让宝宝享受不同的水果口感。

香蕉酸奶

材料（宝宝一餐份）

香蕉 25 克，原味酸奶 20 毫升

做法

1 香蕉去皮、切小块，磨成泥。

2 在香蕉泥中加入冷开水、酸奶充分搅拌即可。

小叮咛

酸奶与牛奶营养价值相当，且比牛奶更容易消化吸收，对乳蛋白过敏或因乳糖不耐症而不能喝牛奶的宝宝，由于乳酸菌会提供酵素并且转化乳蛋白来帮助摄取，因此也能食用酸奶。

花菜烹煮过后味道清甜，很适合用来做断乳食。

花菜苹果米糊

材料（宝宝一餐份）

白米糊 60 克，花菜 20 克，苹果 25 克

做法

1 花菜洗净后，取花蕾部分备用。

2 将花菜花蕾用开水焯烫后，捣碎；苹果去皮，磨成泥备用。

3 加热白米糊，然后放入花菜末和苹果泥，稍煮片刻即完成。

小叮咛

花菜属于十字花科类，含丰富营养素，其中所含的槲皮素能抗菌、抗炎、抗病毒，有效提高宝宝的免疫功能。而且花菜含水量高、热量低，宝宝食用后，容易有饱足感，又不会对身体造成负担。

以配方奶代替水煮粥，可以让宝宝吃到熟悉的味道。

香蕉牛奶米糊

材料（宝宝一餐份）
白米糊 60 克，香蕉 15 克，牛奶（配方奶）45 毫升

小叮咛
香蕉的营养成分丰富，其中富含的糖类，烹煮后会变成果糖或葡萄糖。

做法
1 白米糊中加入牛奶，用小火熬煮。
2 香蕉去皮、磨成泥，放入一起搅拌均匀，再加热一次即完成。

香蕉的香甜滋味受到很多宝宝的喜爱。

香蕉糊

材料（宝宝一餐份）
白米糊 60 克，香蕉 20 克

小叮咛
香蕉几乎含有所有维生素和矿物质，因此，宝宝食用香蕉可以轻易摄取到各种各样的营养素。

做法
1 香蕉去皮，放入捣碎器里，捣碎成香蕉泥。
2 加热米糊，倒入香蕉泥，均匀搅拌即可。

土豆在牛奶的滑顺衬托下，显得更为美味。

土豆牛奶汤

材料（宝宝一餐份）
土豆 50 克，冲泡好的牛奶 50 毫升

小叮咛
土豆营养成分很高，含有丰富的维生素及矿物质，其中钾含量是香蕉的两倍之多。

做法
1 将土豆去皮、切小块，放入蒸锅中蒸至熟软，取出后趁热捣碎。
2 加热配方牛奶，倒入土豆泥，搅拌均匀，煮开即可。

让宝宝认识土豆的特殊口感。

土豆米糊

材料（宝宝一餐份）
白米糊 60 克，土豆 10 克
做法

1 土豆去皮后，洗净、蒸熟并捣碎。

2 将米糊倒入锅中加热，待煮滚后，加入土豆泥拌匀。

3 最后用小火熬煮片刻，即完成这道土豆米糊。

小叮咛 ·····························

食欲不振的宝宝可多吃土豆，不仅能补充体内缺乏的钾，还能吸收到完整的维生素 C。

包菜可在室温通风处放置 2~3 天，让农药挥发。

包菜苹果米糊

材料（宝宝一餐份）
白米糊 60 克，包菜叶 1 片，苹果 25 克
做法

1 包菜用清水洗净，将叶片用开水焯烫一下，切碎、磨碎、滤出菜汁。

2 苹果洗净、去皮、去核，再磨成苹果泥。

3 白米糊加热后，加入包菜汁和苹果泥，用小火熬煮片刻即可。

小叮咛 ·····························

包菜含有丰富的维生素 C 与纤维质，能预防便秘、帮助消化，还有多种人体必需的微量元素，尤其是锰，可以促进新陈代谢，帮助宝宝成长发育。

香甜多汁的梨子很适合作为夏天的断乳食材。

甜梨米糊

材料（宝宝一餐份）
白米糊 60 克，水梨 15 克

小叮咛 ....

梨是碱性食物，含有多种维生素和矿物质等，能促进食欲、帮助消化，并有利尿、通便和解热作用。

做法
1 用磨泥器将水梨磨成泥。
2 将水梨泥放入米糊中，用小火煮一会即可。

苹果对宝宝的身体十分有益。

苹果汁

材料（宝宝一餐份）
苹果 25 克

小叮咛 ....

初期为宝宝选择果汁种类，以当季和酸度较低的水果为主，苹果汁是宝宝初尝果汁的最佳选择。

做法
1 将苹果洗净后，去皮、去核，并加入适量冷开水，用搅拌器搅拌成苹果汁。
2 将苹果汁倒入过滤网中，过滤出果汁即可。

苹果泥的滑润口感很受宝宝欢迎。

苹果泥

材料（宝宝一餐份）
苹果 25 克

小叮咛 ....

苹果中含有大量的镁、硫、铁、铜、碘、锰、锌等微量元素，可使宝宝皮肤滑润、有光泽，并能改善呼吸系统和肺功能，还可促进肠胃蠕动。

做法
1 将苹果切成 1/4 大小，去核，再用研磨器研磨成泥。
2 将苹果泥倒入杯中，用低温开水稀释 2~3 倍即可。

萝卜与水梨都是不错的断乳食材。

萝卜水梨米糊

材料（宝宝一餐份）
白米糊 60 克，白萝卜 10 克，水梨 15 克

小叮咛

萝卜是一种低热量的食物，能增强宝宝的免疫力，所含的植物纤维还可以促进胃肠蠕动。

做法

1 水梨去皮和果核后，磨成泥。

2 白萝卜洗净、去皮后，再磨成泥。

3 将水梨泥和萝卜泥放入米糊中，熬煮片刻即完成。

萝卜用在制作断乳食时需削皮。

萝卜糯米稀粥

材料（宝宝一餐份）
糯米 30 克，白萝卜 15 克

小叮咛

萝卜富含消化酶，可使消化器官不发达的宝宝轻松消化，且萝卜煮出的甜味会让宝宝胃口大开。

做法

1 白萝卜削皮后洗净，切成细丁。

2 在锅里放入泡开的糯米、白萝卜丁和水，用中火边煮边搅拌，待稀粥量缩到 100 毫升左右，再用搅拌机搅拌。

3 将搅拌过的稀粥用筛子过滤一遍后，再放入锅里边煮边搅拌即可。

燕麦片易潮湿，需放入密封容器内保存。

燕麦米糊

材料（宝宝一餐份）
白米糊 30 克，燕麦片 15 克，配方奶粉 15 克

小叮咛

燕麦诱发过敏的危险性较小，可治疗便秘、食欲不振、强健脑细胞，以及促进体内新陈代谢，并预防宝宝皮肤炎。

做法

1 将燕麦片压碎。

2 奶粉加少量开水泡开。

3 白米糊加热后，放入燕麦片、配方奶一起烹煮，搅拌均匀，直至燕麦片熟软即可。

作为断乳食材的板栗，最好选用生板栗。

板栗米糊

材料（宝宝一餐份）
白米糊 60 克，板栗
3 个

小叮咛

板栗含有丰富的维生
素和矿物质，有益于
宝宝肌肉和骨骼的生
长发育。

做法

1 加热白米糊。

2 将板栗去壳后蒸熟，研
磨成泥，再加入米糊中
均匀搅拌即可。

豆浆一定要熬煮熟透才能喝。

豆浆

材料（宝宝一餐份）
黄豆适量

小叮咛

豆浆中所含的卵磷
脂，能减少脑细胞死
亡，提高脑部功能，
对宝宝非常好，但不
要一次饮用过量，以
免消化不良。

做法

1 将黄豆洗净，与水按一
比八的比例浸泡（夏季
于阴凉处浸泡 8 小时左
右，冬季于室温浸泡 1
昼夜）。

2 连水带豆磨成浆，用纱
布过滤出清浆。

3 将清浆煮沸 2 次后，放
凉即可。

用不同的天然食材搭配出宝宝喜欢的断乳
食物。

豆腐草莓酱

材料（宝宝一餐份）
嫩豆腐 20 克，草莓
1 个

小叮咛

草莓营养丰富，含有
果糖、柠檬酸、苹果
酸、水杨酸、氨基
酸、钙、磷、铁和丰
富的维生素 C。

做法

1 豆腐洗净、焯烫后，沥
干水分，磨成泥，放入
碗中。

2 草莓洗净、去蒂、磨成
泥，再淋在豆腐泥上即
完成。

加入苹果的红椒泥让宝宝接受度
变大。

红椒苹果泥

材料（宝宝一餐份）
红椒 10 克，苹果 20 克
做法

1 红椒洗净、去籽、切小块，加入少
   量水，放入搅拌机内搅拌成泥。

2 苹果洗净、去皮，并磨成泥。

3 煮熟红椒泥，加入苹果泥搅拌即可。

小叮咛 ·········

红椒营养丰富，具有强大的抗氧化作
用，可使体内细胞活化，并具有御寒、
增强食欲、杀菌的功效。新鲜的红椒大
小均匀，色泽鲜亮，闻起来具有瓜果的
香味。

不要选择味道过酸的樱桃来制作断乳
食物。

红薯樱桃米糊

材料（宝宝一餐份）
白米糊 60 克，红薯 10 克，樱桃 2 个
做法

1 红薯削皮后，蒸熟、磨成泥。

2 樱桃洗净后，去籽、切成小丁，放入搅
   拌器内搅拌成泥备用。

3 加热白米糊，放入红薯泥、樱桃泥，煮
   开即可。

小叮咛 ·········

红薯富含维生素 C 和 β - 胡萝卜素，所含
的食物纤维还能预防宝宝便秘。樱桃所含
营养素特别丰富，含有糖类、蛋白质、维
生素及钙、铁、磷、钾等多种元素，对宝
宝的成长发育非常有益。

水梨润滑了油菜的纤维感，让宝宝在吞咽时更为容易。

油菜水梨米糊

材料（宝宝一餐份）
白米糊 60 克，油菜 10 克，
水梨 10 克

小叮咛

挑选水梨时，要看果皮是否
表现出品种特有之色泽、腊
质或香气，有重量感和硬度
的水梨可视为最佳选择。

做法

1 油菜洗净、焯烫后，放在搅拌机内搅拌成泥备用。

2 水梨去皮和果核，磨成泥。

3 加热白米糊后，放入油菜、水梨煮开即可。

菜豆的蛋白质和 B 族维生素含量丰富，有益
宝宝消化并促进食欲。

萝卜菜豆米糊

材料（宝宝一餐份）
白米糊 60 克，白萝
卜 10 克，菜豆 10 克

小叮咛

白萝卜中含有丰富的
维生素 C 与微量元素
锌，可加强宝宝的免
疫功能，而且还含有
丰富的膳食纤维。

做法

1 白萝卜去皮、蒸熟后，
磨成泥备用。

2 菜豆洗净，用开水煮
熟，剥完皮后磨泥。

3 在白米糊中放入白萝卜
泥、菜豆泥和适量水拌
匀，用小火煮开即可。

不要给宝宝吃生的土豆，
熟土豆的肠胃道吸收率较佳。

土豆哈密瓜米糊

材料（宝宝一餐份）
白米糊 60 克，土豆
10 克，哈密瓜 10 克

小叮咛

土豆含铁、钾和多种
维生素等诸多营养
素，可用来代替谷类，
同时能够补充体力，
且口感软绵，是宝宝
很好的谷类替代品。

做法

1 将土豆去皮、蒸熟后磨
成泥。

2 哈密瓜去皮、去籽，磨
成泥备用。

3 最后将土豆泥、哈密瓜
泥和适量水放入白米糊
中拌匀，再用小火煮开
即可。

糯米一定要加热食用，才容易消化。

包菜黄瓜糯米糊

材料（宝宝一餐份）
白米糊 45 克，糯米糊 15 克，包菜 10 克，黄瓜 10 克

小叮咛
包菜可促进成长发育，并强化免疫机能，对体弱多病的宝宝特别有帮助。

做法
1 将白米糊及糯米糊加水放入搅拌器中，搅拌均匀。
2 包菜洗净后，用开水焯烫，再剁碎；黄瓜去皮后，切碎备用。
3 加热米糊，放入包菜、黄瓜，煮熟即可。

桃子最佳的品尝方式是在室温下放至熟软再食用。

菠菜桃子糊

材料（宝宝一餐份）
菠菜叶 10 克，桃子 5 克，蔬菜汤 20 毫升

小叮咛
桃子含有多种维生素，而且其丰富的膳食纤维和果胶成分，能促进肠胃蠕动，帮助宝宝排便。

做法
1 菠菜叶洗净，切小片。
2 桃子洗净、去皮、去核，切小块。
3 将菠菜叶、桃子、蔬菜汤放入搅拌机内，搅拌成糊。
4 最后将拌好的糊煮开即可。

土豆泥的松软口感很适合作为断乳食。

酪梨土豆米糊

材料（宝宝一餐份）
白米糊 60 克，酪梨 10 克，土豆 10 克

小叮咛
酪梨含有丰富的脂肪、糖类、蛋白质、维生素等，可帮身体较为虚弱的宝宝补充多种营养。

做法
1 土豆洗净、去皮后，蒸熟并捣成泥备用。
2 酪梨洗净后，去皮、去核，再磨泥备用。
3 加热白米糊，放入土豆泥和酪梨泥，搅拌均匀即可。

让宝宝摄取丰富的维生素 C。

猕猴桃萝卜米糊

材料（宝宝一餐份）

白米糊 60 克，猕猴桃 15 克，
胡萝卜 10 克

做法

1 胡萝卜去皮，蒸熟，磨成泥。

2 猕猴桃去皮，磨成泥。

3 加热白米糊，放入胡萝卜泥
和猕猴桃泥，再熬煮片刻即
完成。

小叮咛

猕猴桃中的维生素 C 含量比橘
子的多出 2 倍，内含丰富的纤
维质、果胶及 12 种氨基酸。
另外，吃猕猴桃还可改善睡眠
品质及有助于改善消化不良的
症状。猕猴桃性寒，容易引起
腹泻，不宜多食，有少数人对
猕猴桃有过敏反应，特别是宝
宝，因此，妈妈在喂食宝宝猕
猴桃后，需仔细观察有无不良
反应。

香蕉带给宝宝充沛体力。

菠菜香蕉泥

材料（宝宝一餐份）

菠菜 30 克，香蕉 50 克

做法

1 将菠菜洗净，焯烫后沥干水
  分，再切段备用。

2 香蕉去皮，和菠菜、开水一
  起用搅拌器搅拌成泥即可。

小叮咛 ·············

菠菜是黄绿色蔬菜，含有丰富
的维生素 C、β－胡萝卜素、
蛋白质、钙、铁等营养素，因
含有大量的 β－胡萝卜素，可
预防宝宝被病菌感染，是断乳
食物的最佳选择。用于断乳
食物的菠菜要烫久一点，才可去
除涩味，挤干水分后再使用。

经冷藏后的葡萄应尽快食用。

葡萄乳酪

材料（宝宝一餐份）
卡达乳酪 10 克，葡萄 3 颗

小叮咛 ⋯⋯⋯⋯⋯

葡萄含维生素 A、B_1、B_2、C、蛋白质、脂肪及多种矿物质，常吃葡萄可使宝宝健康、不易感冒。

做法

1 将乳酪压成泥。

2 葡萄洗净，去皮、去籽，搅拌成葡萄汁。

3 将乳酪加入葡萄汁中，加适量冷开水稀释即可。

添加西蓝花的豆浆汤让宝宝元气十足。

西蓝花豆浆汤

材料（宝宝一餐份）
西蓝花 15 克，豆浆 50 毫升

小叮咛 ⋯⋯⋯⋯⋯

豆浆具有高热效应，能升高体温，冬日早晨很适合给宝宝来上一杯。

做法

1 洗净西蓝花，取花蕾部分。

2 将豆浆和西蓝花一起放入搅拌机中，搅拌成糊后，煮开即可。

紫米富含天然营养色素和色氨酸，不宜用力搓洗。

紫米上海青米糊

材料（宝宝一餐份）
白米糊 30 克，紫米糊 30 克，上海青 20 克

小叮咛 ⋯⋯⋯⋯⋯

紫米营养价值高，含有丰富的维生素和矿物质，可增强宝宝的免疫力，并具备防止便秘等功效，也有助于改善贫血症状。

做法

1 白米糊和紫米糊中加入适量水，放入搅拌机内，搅拌成米糊。

2 上海青洗净后，用开水焯烫，去除水分后，切碎备用。

3 加热米糊，放入碎上海青，煮开即可。

胡萝卜的鲜香与水梨的清甜在宝宝口中交织出美妙滋味。

胡萝卜水梨米糊

材料（宝宝一餐份）
白米糊 60 克，胡萝卜 10 克，水梨 15 克

小叮咛 .....
胡萝卜是一种低热量的食物，能增强宝宝免疫力，还可以分解肉类脂肪。

做法
1 水梨去皮和果核后，磨成泥。
2 胡萝卜洗净、去皮后蒸熟，再磨成泥。
3 加热白米糊，放入水梨泥和胡萝卜泥，再稍煮片刻即可。

茄子含有丰富的钙和铁，对宝宝发育期十分有益。

栉瓜茄子糯米糊

材料（宝宝一餐份）
糯米 30 克，栉瓜 20 克，茄子 10 克

小叮咛 .....
栉瓜含有丰富的维生素、矿物质和糖分，具有保护消化系统和增加体力的功效，有助于宝宝的成长。

做法
1 将糯米熬成粥后，放入搅拌器内，搅拌成糯米糊。
2 栉瓜、茄子洗净后，放入搅拌器内，搅拌成泥。
3 加热糯米糊，放入栉瓜泥和茄子泥，煮熟即可。

水蜜桃味道香甜，很适合给宝宝食用。

水蜜桃香蕉米糊

材料（宝宝一餐份）
白米糊 60 克，水蜜桃 10 克，香蕉 5 克

小叮咛 .....
香蕉富含糖类，糖类煮熟后会转化为果糖或葡萄糖，对宝宝的消化吸收有利。水蜜桃的营养价值高，含丰富铁质，能增加人体血红蛋白数量。

做法
1 水蜜桃洗净、去皮，切小块。
2 香蕉去皮，切小块。
3 将白米糊、水蜜桃块、香蕉块和水一起放入搅拌机内搅拌，最后煮开即可。

大部分宝宝都喜欢南瓜的松软香甜。

南瓜包菜粥

材料（宝宝一餐份）

白饭 30 克，南瓜 10 克，包菜 10 克

小叮咛 ······

包菜含有多种维生素及丰富的钙，所含钙质比牛奶的更易被人体吸收，所以对宝宝很有助益。

做法

1 白饭加水熬煮成米粥。

2 包菜洗净后磨成泥。

3 南瓜去皮、去籽，蒸熟后磨成泥。

4 在煮好的米粥里加入包菜泥和南瓜泥，熬煮片刻即可。

玉米水的独特香气有助提升宝宝的食欲。

玉米土豆米糊

材料（宝宝一餐份）

白米糊 60 克，土豆 10 克，玉米 70 克

小叮咛 ······

玉米富含维生素 B_6、维生素 C 等大量营养素，其中玉米黄质与叶黄素对眼睛有极佳的保健功效。

做法

1 将玉米放进热水中熬煮，取玉米水。

2 土豆煮熟后，去皮、磨成泥。

3 在米糊里放入土豆泥、玉米水，煮开即可。

清甜蔬菜汤带给宝宝充沛活力。

法式蔬菜汤

材料（宝宝一餐份）

胡萝卜 10 克，包菜叶 1 片

小叮咛 ······

胡萝卜营养价值极高，对人体具有多方面的保健功能，其 β - 胡萝卜素能转变成维生素 A，是强力抗氧化剂，有助增强宝宝的免疫力。

做法

1 将胡萝卜洗净后，切成薄片。

2 将包菜叶洗净后，切成小片。

3 锅中加水煮沸，放入胡萝卜片和包菜叶，煮至软烂。

4 用细的滤网滤去蔬菜渣，只留下清汤即可。

让宝宝爱上蔬菜的第一步。

青菜泥

材料（宝宝一餐份）
青菜（绿色蔬菜）30 克
做法
1 将青菜洗净、去梗，取嫩叶，撕碎备用。

2 将撕碎的青菜叶用滚水快速焯烫后，捞起，沥掉多余的水分。

3 将青菜放在研磨器中，用研磨棒捣碎，挤压，直到变成菜泥即完成。

小叮咛 ·······························

蔬菜含有丰富的纤维素，可以帮助宝宝肠胃蠕动，维持肠胃的健康，每餐最好都要摄取足够的分量，可避免宝宝发生便秘的状况。如果宝宝排斥蔬菜泥的味道，可以拌入一些红薯泥或土豆泥，增加香气和甜味，让宝宝吃得更健康。

菠萝的酸甜滋味丰富了包菜米糊的口感。

包菜菠萝米糊

材料（宝宝一餐份）

白米糊 60 克，菠萝 15 克，包菜 10 克

做法

1 包菜用清水洗净，去除中间粗硬部分。

2 处理好的包菜叶用开水焯烫一下，再用搅拌机搅成泥。

3 菠萝去皮，搅拌成泥。

4 把搅碎后的包菜和菠萝放入米糊中，用小火煮开即可。

小叮咛

菠萝含有丰富的维生素 B_1 和柠檬酸，能促进新陈代谢、恢复疲劳和增加食欲，而所含维生素 C 不受高温破坏，因此，对断乳食物制作来说是不错的选择。另外，菠萝所含酵素除了帮助消化外，还可抗炎。在选择上，要挑选新鲜、完全成熟的较佳，如果宝宝食用未成熟的菠萝，会出现消化不良、皮肤瘙痒等症状。

小米富含营养，对宝宝的健康十分有益。

蔬菜·小·米糊

材料（宝宝一餐份）

白米饭 45 克，小米糊 15 克，南瓜 10 克，包菜 10 克

做法

1 将白米饭加水，放入搅拌机内，搅拌成米糊。

2 南瓜蒸熟后，去皮、去籽，磨成泥。

3 包菜洗净后，取嫩叶捣碎备用。

4 锅中放入白米糊和小米糊，用小火熬煮，再放入南瓜泥和包菜末，继续熬煮至软烂即可。

小叮咛

包菜含有丰富的人体必需微量元素，其中钙的含量最为丰富，可以增强宝宝骨骼的发育。

混合苹果、柳橙熬煮成米粥，可做成富含维生素的断乳食。

苹果柳橙米糊

材料（宝宝一餐份）

白米糊 60 克，苹果 15 克，柳橙 30 克

做法

1 苹果去皮后，磨成泥，柳橙榨成果汁后，用滤网过滤备用。

2 在煮好的米糊里加入苹果泥和柳橙汁，搅拌均匀，再略煮片刻即可。

小叮咛

苹果含有多种维生素和胡萝卜素，易被人体消化吸收，非常适合宝宝食用。

红薯与紫米的天然蔬果色彩让米糊看起来更可口。

红薯紫米糊

材料（宝宝一餐份）

紫米糊 60 克，红薯 10 克

做法

1 紫米糊加水稀释，并搅拌均匀。

2 红薯削皮、蒸熟后，用研磨器磨成泥。

3 加热紫米糊，放入红薯泥搅拌均匀即可。

小叮咛

红薯含丰富的维生素 C 和 β-胡萝卜素，能增强抵抗力；还具有丰富的食物纤维，可有效预防便秘。

吃完柿子一小时内，不宜喂食宝宝牛奶。

柿子三米糊

材料（宝宝一餐份）

白米 10 克，紫米 5 克，糙米 5 克，柿子 15 克

做法

1. 洗净白米、紫米和糙米，浸泡凉水 1 小时左右，再用搅拌机搅碎后加水熬成米糊。

2. 柿子去皮、去籽后，磨成泥。

3. 把柿子泥放入米糊中，用小火熬煮片刻。

小叮咛 ……………………………………

柿子含有大量的维生素和碘，能治疗地方性甲状腺肿大，还可有效补充人体养分及细胞内液，具润肺生津的作用。

哈密瓜的鲜甜带出红薯的松软口感，让宝宝在进食过程中体验不同口感。

哈密瓜红薯米糊

材料（宝宝一餐份）

白米糊 60 克，哈密瓜 15 克，红薯 10 克

做法

1. 哈密瓜去皮，磨成泥。

2. 红薯去皮、蒸熟，磨成泥。

3. 加热白米糊，并放入哈密瓜泥与红薯泥，煮开即可。

小叮咛 ……………………………………

哈密瓜香甜可口，加上多汁、口感柔和，以及有除燥热、生津止渴的作用，很适合作为宝宝的断乳食。红薯含有丰富食物纤维，能有效预防宝宝便秘。

红薯的自然鲜甜让蔬菜变得更好吃。

蔬菜红薯泥

材料（宝宝一餐份）
绿色蔬菜 30 克，红薯 10 克

小叮咛
蔬菜含有丰富的纤维素，可以帮助肠胃蠕动、维持肠胃健康，每餐最好摄取足够的分量。

做法

1 将蔬菜洗净、切小片，再放入搅拌机里，搅拌成泥。

2 红薯洗净、去皮，放入锅里蒸熟，趁热捣碎。

3 将红薯、蔬菜泥、水放入锅中煮开，搅拌均匀即可。

胡萝卜具有特殊味道，若宝宝不喜欢，可搭配其他食材一起料理。

菜豆胡萝卜汤

材料（宝宝一餐份）
菜豆 10 克，胡萝卜 10 克，配方奶粉 15 克

小叮咛
胡萝卜的好处很多，但食用过量，会引起全身皮肤发黄。

做法

1 胡萝卜去皮、蒸熟后，捣成泥备用。

2 菜豆洗净，用开水焯烫后放入搅拌机中，搅拌成泥。

3 锅中放入奶粉、水、菜豆泥、胡萝卜泥搅拌均匀，煮开后即可。

煮熟的西蓝花冷冻后，使用研磨器磨碎或用手捏碎，可节省不少时间。

西蓝花胡萝卜粥

材料（宝宝一餐份）
白米糊 60 克，西蓝花 10 克，胡萝卜 10 克

小叮咛
宝宝断乳初期，可将西蓝花烫熟后，取花蕾磨泥使用。断乳中期后，就可以煮熟后直接放入粥中。

做法

1 将西蓝花用滚水焯烫后，取出花蕾部分，用研磨器磨碎。

2 将胡萝卜去皮、蒸熟，捣成泥。

3 锅中放入白米糊、磨碎的西蓝花和胡萝卜泥，煮开后即可。

制作断乳食时要选用新鲜无脂肪的鸡肉来烹煮。

蔬菜鸡胸肉汤

材料（宝宝一餐份）

鸡胸肉 10 克，菠菜 10 克，胡萝卜 10 克

做法

1 将鸡肉加水煮熟，捞出鸡肉，留下高汤备用。

2 菠菜洗净后，用开水焯烫一下，再切碎。

3 胡萝卜洗净后，去皮、切碎。

4 锅中加入鸡汤、切碎的菠菜、胡萝卜一起熬煮片刻，滤出汤汁即可。

小叮咛

鸡肉的肉质软嫩、味道清淡，是高蛋白、低脂肪的代表食物，好消化又口感鲜美。

宝宝不宜空腹单吃橘子。

橘子上海青米糊

材料（宝宝一餐份）

白米糊 60 克，橘子汁 30 毫升，上海青 10 克

做法

1 上海青洗净，焯烫后磨碎。

2 把磨碎后的上海青和橘子汁放入米糊中，用小火熬煮片刻。

小叮咛

橘子含有天然黄酮、柠檬烯类、维生素 A、C 与矿物质钠、钾、镁、锌等，能帮助消化，有止痛、止泻、抗过敏等功用，可作为断乳食的食材之一。

part 3
中期断乳食谱
101道

断乳中期宝宝能够用舌头挤碎并吞咽食物。到了这个时期，宝宝已经熟悉舌头处理食物的方法，可以慢慢将喝奶次数减少，并让宝宝尝试各种断乳食物。

用鸡高汤来熬粥，轻松做好副食品，还能增加营养。

参汤鸡肉粥

材料（宝宝一餐份）
白米粥 45 克，糯米粥 15 克，红枣 2 个，松子 4 个，鸡肉 20 克，人参鸡高汤适量

小叮咛
鸡肉含丰富的不饱和脂肪、胶质、蛋白质等，能增进代谢循环，很适合宝宝食用。

做法
1 在人参鸡高汤中，捞出不带肥油的鸡肉，切碎备用。
2 红枣去核，水煮后磨碎；松子去除软皮后也磨碎。
3 将白米粥和糯米粥倒入锅中，加入人参鸡高汤熬煮，再放入鸡肉一起烹煮。
4 最后放入剁碎的红枣和松子炖煮片刻即可。

粥品的温润口感十分受到宝宝喜爱。

银杏板栗鸡蛋粥

材料（宝宝一餐份）
白米饭 30 克，银杏 2 个，红枣 1 个，板栗 1 个，煮熟的蛋黄半个

小叮咛
红枣吃多了，宝宝可能出现肚子胀气或腹泻的现象，建议妈妈一天喂食一次。

做法
1 银杏煮熟后，去皮、剁碎；红枣洗净后，去籽再剁碎。
2 将板栗煮熟后，去皮并磨成泥；再把鸡蛋水煮后，取出蛋黄备用。
3 让白米饭和水一起熬煮，煮沸时加入红枣，待粥变得浓稠时，加入银杏、板栗泥和蛋黄搅拌均匀即可。

木瓜的甜美味道让宝宝不由自主爱上水果。

木瓜泥

材料（宝宝一餐份）
木瓜 50 克

小叮咛
木瓜中含有丰富的酶，能够帮助消化蛋白质，对宝宝有健脾消食的功效。

做法
1 将木瓜洗净，去籽、皮后，切成小丁。
2 放入碗内，然后用小汤匙压成泥状即可。

花生为高过敏食物，若宝宝为过敏体质，勿加入花生粉。

什锦蔬菜粥

材料（宝宝一餐份）
白米粥 60 克，胡萝卜 10 克，红薯 10 克，南瓜 10 克，花生粉 15 克

小叮咛
红薯含有膳食纤维、胡萝卜素、维生素 A、C、E 以及钾等营养素。

做法
1. 将红薯、胡萝卜和南瓜分别洗净、去皮、切块，蒸熟后磨成泥。
2. 白米粥放入锅中煮开，然后加进红薯泥、胡萝卜泥和南瓜泥搅拌均匀。
3. 最后放入花生粉搅拌煮开即可。

添加淡淡海味的浓汤开启了宝宝的味蕾飨宴之旅。

南瓜蛤蜊浓汤

材料（宝宝一餐份）
南瓜 20 克，蛤蜊 3 个，配方奶粉 10 克，鸡肉高汤

小叮咛
南瓜的营养高，是维生素 A 的优质来源之一，可促进视神经发育。蛤蜊属性偏寒，因此脾胃虚寒的宝宝不宜多吃。

做法
1. 将南瓜洗净、去皮，蒸熟后磨成泥。
2. 蛤蜊洗净、汆烫后，取出蛤蜊肉剁碎备用。
3. 配方奶粉加入少量开水，调成奶水。
4. 在小锅内，放入水、鸡肉高汤、南瓜泥、剁碎的蛤蜊肉和配方奶水，用小火煮开即可。

吸附软绵南瓜的面线，口感显得更为丰富。

南瓜面线

材料（宝宝一餐份）
面线 50 克，新鲜南瓜 20 克，高汤适量

小叮咛
面线中的盐含量较多，应事先煮过一遍，去除多余盐再烹煮。切记不要再调味，避免宝宝摄取过多的盐，造成肾脏负担。

做法
1. 南瓜去籽后切丁，再放入电锅中蒸熟。
2. 锅中加水煮开，再放入面线煮至软烂，捞出后用剪刀剪成小段备用。
3. 南瓜倒入锅中，加水和高汤，用中火边煮边搅拌，避免烧糊。
4. 最后放入面线拌匀，再次煮开后即可。

加入配方奶的胡萝卜泥更容易让宝宝接受。

胡萝卜泥

材料（宝宝一餐份）
胡萝卜 50 克，配方奶粉 15 克

小叮咛

宝宝在断乳中期多吃泥状食物，饱足感较足，尤其是晚餐要吃饱，半夜才不会因肚子饿而哭闹。

做法

1 胡萝卜洗净、去皮、切小块，放入锅中蒸熟后，捣成泥状。

2 将奶粉加入温水拌匀，再放进锅中加热，再放入胡萝卜泥搅拌均匀，等奶汁收干后即可。

南瓜可与大多数的食材搭配食用，是非常理想的断乳食物。

香橙南瓜糊

材料（宝宝一餐份）
南瓜 20 克，柳橙汁 30 克

小叮咛

南瓜富含多种营养素，颜色越黄，β-胡萝卜素含量越高，甜度也越高。

做法

1 蒸熟后的南瓜去皮，趁热磨成泥。

2 将南瓜泥与柳橙汁放入锅中搅拌均匀，煮开即完成。

小米是五谷杂粮中唯一经烹调仍能维持碱性的食物。

甜南瓜小米粥

材料（宝宝一餐份）
白米粥 30 克，小米粥 30 克，甜南瓜 20 克

小叮咛

小米是营养价值非常高的谷类食物，对宝宝的健康相当有益。

做法

1 白米粥和小米粥加水，一起熬煮成稀粥。

2 将甜南瓜去皮后，剁碎备用。

3 将甜南瓜加入煮好的粥里，稍煮片刻即可。

橘子被称为维生素 C 的宝库。

橘香鸡肉粥

材料（宝宝一餐份）
白米饭 30 克，橘子 10 克，鸡柳 10 克
做法

1. 鸡柳去除薄膜和脂肪后，加水煮熟透，切碎备用。

2. 橘子剥皮后，去除透明薄皮再切碎。

3. 白米饭加水熬煮成米粥，再放入碎鸡柳，再次沸腾时，放入碎橘子稍煮即完成。

小叮咛 ·····································

橘子富维生素 C、β‐胡萝卜素，可预防宝宝感冒。用在断乳食中，应剥开果食透明薄皮后切碎，再进行烹调，这样才不会黏在宝宝喉咙里，且易消化吸收。

南瓜蒸熟后，甜味会增加，捣碎成泥就是宝宝爱吃的简易点心。

鸡肉南瓜粥

材料（宝宝一餐份）
白米粥 60 克，鸡胸肉 20 克，南瓜 20 克，鸡高汤适量
做法

1. 鸡胸肉煮熟后，剁碎；南瓜去皮、蒸熟后，剁碎。

2. 鸡高汤入锅和水、米粥一起煮开，再放入鸡胸肉碎末，用中火继续熬煮。

3. 待米粥浓稠后，加入南瓜碎末稍煮片刻即可。

小叮咛 ·····································

鸡肉对营养不良、畏寒怕冷、贫血、虚弱等有很好的食疗作用，并且容易消化、好吸收，不仅是断乳好食材，对成长中的孩子来说，也是很好的选择。

鸡蛋炒香后加水煮开，再用滤网过滤汤汁，可以成为简易高汤。

鸡肉糯米粥

材料（宝宝一餐份）

白米粥 45 克，糯米粥 15 克，鸡胸肉 20 克，胡萝卜 10 克，鸡高汤适量

小叮咛

糯米味甘性温，能够养气，食用后容易全身发热。

做法

1 鸡胸肉煮熟后，剁碎。

2 胡萝卜去皮、蒸熟后，剁碎备用。

3 锅中放入鸡高汤、水和白米粥、糯米粥一起熬煮沸腾。

4 最后放入鸡胸肉碎末和胡萝卜末，稍煮片刻即完成。

蛋白引起的过敏几率极高，使用鸡蛋制作断乳食，只取蛋黄较佳。

鸡蛋甜南瓜粥

材料（宝宝一餐份）

白米粥 60 克，甜南瓜 20 克，蛋黄 1 个

小叮咛

甜南瓜含有胡萝卜素和多种维生素，甜味深受宝宝喜爱。鸡蛋营养高，能补充宝宝足够的能量。

做法

1 南瓜洗净、蒸熟后，去皮、去籽，再捣成泥。

2 蛋黄打散备用。

3 加热白米粥，放入南瓜泥继续熬煮。

4 最后将打散的蛋黄拌入南瓜粥里，搅拌均匀，煮熟后即可。

牛肉属于高蛋白食物，不宜食用过量。

牛肉菠菜粥

材料（宝宝一餐份）

白米饭 30 克，牛肉片 10 克，菠菜 15 克

小叮咛

牛肉可以提供人体所需的锌，有强化免疫系统的作用，也可使伤口复元，还能营养骨骼和毛发。

做法

1 牛肉去除脂肪后，剁碎；菠菜用开水焯烫后，切碎备用。

2 将白米饭加水熬煮成粥，再放入碎牛肉一起熬煮。

3 最后放入菠菜碎搅拌均匀，稍煮片刻即可。

丝瓜性质偏凉，身体虚弱或胃寒的宝宝不宜食用。

丝瓜瘦肉粥

材料（宝宝一餐份）

白米饭 30 克，丝瓜 50 克，瘦肉 40 克

做法

1 将白米饭加水，熬煮成稀粥。

2 丝瓜洗净、去皮，切碎。

3 将瘦肉、丝瓜放入稀粥中，煮开即可。

小叮咛 ....

丝瓜和瘦肉都能清热化痰，对长期喝牛奶的宝宝有很好的利尿、通便功效。

菠菜叶越鲜嫩，其涩味就越淡。

菠菜优酪乳

材料（宝宝一餐份）

菠菜 15 克，原味优酪乳 100 克

做法

1 菠菜取其嫩叶部分，用开水烫熟后，挤干水分，切末。

2 将原味优酪乳和菠菜末拌匀即可食用。

小叮咛 ....

菠菜营养价值高，含有多种维生素和铁、钾、钙等营养素，很适合宝宝食用。优酪乳里有多种益生菌，对宝宝身体有整肠健胃的效果。

西蓝花的维生素 C 含量比柠檬多。

椰菜牛奶粥

材料（宝宝一餐份）

白米粥 60 克，奶粉 10 克，西蓝花 10 克

小叮咛

西蓝花富含维生素 C、β-胡萝卜素、食物纤维等营养素。

做法

1 洗净西蓝花，用开水焯烫后去梗、切碎。

2 加热白米粥，放入西蓝花碎，再倒入用温水调好的奶粉，稍煮一会即完成。

为宝宝挑选花朵密实不松散的西蓝花来制作断乳食吧！

绿椰蛋黄泥

材料（宝宝一餐份）

西蓝花 30 克，熟蛋黄 1 个

小叮咛

西蓝花属十字花科类，含有丰富的维生素和植物纤维，营养价值非常高。

做法

1 焯烫西蓝花后，沥干水分，取花蕾部分切碎，将西蓝花水留下备用。

2 捣碎熟蛋黄。

3 将西蓝花和碎蛋黄拌匀，倒入西蓝花水调匀即可。

优酪乳可作为断乳食物的选择之一。

蔬菜优酪乳

材料（宝宝一餐份）

青菜 15 克，原味优酪乳 100 克

小叮咛

青菜是一年四季都可以吃到的蔬菜，能提供营养，强身健体，还被人们誉为"抗癌蔬菜"。

做法

1 青菜取其嫩叶部分，用开水烫熟后，挤干水分，再切成末。

2 将原味优酪乳和青菜末拌匀，即可食用。

体质燥热的宝宝可适量食用丝瓜。

丝瓜米泥

材料（宝宝一餐份）

白米粥 75 克，丝瓜 20 克，配方奶粉 15 克

做法

1 丝瓜削皮后，放到蒸锅里，蒸到丝瓜熟软后再切碎。

2 加热白米粥，倒入丝瓜和奶粉，用小火烹煮，搅拌均匀即可。

小叮咛

丝瓜富含多种维生素及多糖体等，有镇静、镇痛、抗炎等作用，但水分丰富且属寒性食物，体质虚寒或胃功能不佳的宝宝要尽量少食，以免造成肠胃不适。

有了西蓝花的搭配，鳕鱼口感显得更为细嫩。

鳕鱼花椰粥

材料（宝宝一餐份）

白米粥 60 克，鳕鱼 1 块，西蓝花适量，薏仁粉 30 克

做法

1 鳕鱼洗净、煮熟后，去除鱼刺和鱼皮，并捣碎鱼肉。

2 西蓝花洗净、焯烫后，取花蕾部分剁碎备用。

3 加热白米粥，放入西蓝花碎末，用小火稍煮片刻，再加入鳕鱼碎末和薏仁粉，搅拌均匀后即可。

小叮咛

虽然西蓝花有益健康，但并不鼓励大量食用，跟西蓝花同属十字花科的包菜、甘蓝菜同样具备类似功效，饮食均衡才是最佳选择。

豆腐容易被宝宝消化、吸收，适合用来制作断乳食。

白菜豆腐粥

材料（宝宝一餐份）
白米粥 75 克，糙米粥 15 克，豆腐 25 克，白菜 2 片

小叮咛
豆腐含有蛋白质、铁、钙、磷、镁等多种营养，有助神经、血管与大脑的生长发育。

做法
1 将白米粥和糙米粥放入锅中加热。
2 捣碎豆腐。
3 取白菜叶片部分切碎。
4 粥煮开后，改小火，放入白菜煮一会，再加入豆腐即可。

丁香鱼的鲜美口感很容易受到宝宝喜爱。

丁香鱼菠菜粥

材料（宝宝一餐份）
泡好的白米 15 克，丁香鱼 20 克，菠菜 10 克，芝麻油少许，海带高汤 90 毫升

小叮咛
丁香鱼含有丰富的钙质，有助宝宝骨骼的成长发育。购买时不要选择颜色过白的。

做法
1 白米磨碎；菠菜焯烫后切碎备用。
2 丁香鱼放入滤网并用开水冲洗，去掉盐分。
3 锅中放入海带高汤和白米熬煮成粥，再放入菠菜、丁香鱼略煮。
4 最后滴上芝麻油，拌匀即可。

烹调菜豆需要除去外部茎丝，煮至熟透才可食用。

菜豆粥

材料（宝宝一餐份）
白米粥 60 克，菜豆 1 支

小叮咛
菜豆是夏季最普遍的蔬菜，营养价值不容忽视，富含蛋白质、B 族维生素，能维持正常的消化腺分泌和胃肠道蠕动等功能。

做法
1 将菜豆洗净、切碎。
2 将白米粥加热后，加入菜豆，用小火熬煮，待菜豆熟烂后即可盛盘。

豌豆不宜长期过量食用，容易引起消化不良及腹胀。

豌豆洋菇芝士粥

材料（宝宝一餐份）

白米粥60克，豌豆10个，洋菇10克，原味芝士 1/2 片

做法

1 煮熟的豌豆去皮，磨碎；洋菇洗净，剁碎。

2 将米粥加热，加入豌豆和洋菇拌煮，等洋菇软烂后，再放入芝士搅拌均匀即可。

小叮咛

新鲜的豌豆含有丰富的淀粉和蛋白质，能使体内碱性化。芝士属乳制品，含丰富蛋白质及脂肪，比鲜奶容易消化，断乳中期的宝宝可以开始食用，但必须选择原味的。

豌豆因味道比黄豆好，宝宝大多不会排斥。

豌豆糊

材料（宝宝一餐份）

豌豆 30 粒，鸡肉高汤 30 毫升

做法

1 将豌豆洗净，放入沸水中煮至熟烂。

2 捣碎熟烂的豌豆，再加入鸡肉高汤一起拌匀即可。

小叮咛

豌豆含丰富的蛋白质、糖类、维生素 B_1、维生素 B_6、叶酸等营养素。宝宝在腹泻或红便时，喂食豌豆糊，可得到显著改善。

可用时令水果来替代喔。

水果土豆粥

材料（宝宝一餐份）
白米稀粥 60 克，苹果 25 克，土豆 10 克

小叮咛
苹果含有丰富的维生素 C、苹果酸及膳食纤维等营养素，可增强记忆力、防治贫血，还可帮助消化。

做法
1 苹果、土豆分别洗净，削皮后切碎，再分别浸泡在冷水里备用。
2 加热白米稀粥，再倒入土豆。
3 煮开后，改小火，放入苹果，稍加烹煮即可。

包菜非常适合给肠胃不好的宝宝食用。

牛肉包菜粥

材料（宝宝一餐份）
白米粥 60 克，牛肉 10 克，包菜 10 克

小叮咛
牛肉具有暖身、强健胃肠的功效，含有丰富铁质，可预防缺铁性贫血，尤其内含的蛋白质、糖类十分容易被人体吸收。

做法
1 牛肉去除脂肪后，剁碎；包菜洗净，用开水焯烫后，切碎备用。
2 在锅里放入白米粥和水，煮开后加入牛肉和包菜。
3 改用小火搅拌熬煮，直到粥变浓稠即可。

豆腐与丁香鱼富含营养又好消化，是很好的断乳食材。

丁香鱼豆腐粥

材料（宝宝一餐份）
白米稀粥 60 克，丁香鱼 5 克，豆腐 10 克

小叮咛
丁香鱼富含钙质，肉质鲜美，可帮助宝宝骨骼发育，但含盐量高，在制作断乳食的时候，一定要先滤除盐分。

做法
1 将丁香鱼放在滤网中，用开水冲泡，去除盐分后切碎。
2 豆腐用开水焯烫后，压碎备用。
3 加热白米稀粥，放入丁香鱼、豆腐拌匀，煮至食材软烂后即完成。

为宝宝补充元气的好选择之一。

杏仁豆腐糯米粥

材料（宝宝一餐份）
糯米粉 20 克，嫩豆腐 20 克，
杏仁粉 30 克

小叮咛
糯米主要功能为温补脾胃，
脾胃较虚弱或常腹泻的宝宝
吃后症状可以得到改善。

做法
1 糯米粉用筛子过滤，再用水搅拌备用。
2 嫩豆腐用冷水清洗后捣碎。
3 锅里放入嫩豆腐、糯米粉水和适量水，边煮边搅拌，待糯米粥煮熟变浓稠后，再加入杏仁粉搅拌均匀即可。

芋头容易上火，建议每次给宝宝的喂食量
不超过 100 克。

芋头稀粥

材料（宝宝一餐份）
白米稀粥 60 克，芋
头 30 克

小叮咛
芋头含淀粉质，可作
为宝宝主食，因其口
感软烂细腻，很适合
宝宝吞咽。芋头的维
生素和矿物质含量
高，可以清热化痰、
润肠通便。

做法
1 芋头去皮后切小丁，再蒸熟。
2 将白米稀粥加热，再加入芋头丁，一起熬煮即可。

干香菇所含维生素比新鲜香菇多。

香菇粥

材料（宝宝一餐份）
白米粥 60 克，香菇
2 个

小叮咛
香菇含有大量纤维
质，吃起来较硬，需
煮嫩后食用。香菇含
有促进钙质吸收的维
生素 D，有助强化骨
骼，对宝宝很好。

做法
1 香菇洗净、去蒂，用开水煮熟后切碎备用。
2 加热白米粥，放入香菇末，再稍煮片刻即可。

厚实的鸡胸肉切薄片后再煮，可以缩短烹调时间。

煮豆腐鸡

材料（宝宝一餐份）

鸡胸肉 15 克，豆腐 15 克，包菜 10 克

小叮咛

豆腐中的蛋白质有氨基酸，能提高宝宝消化和吸收能力。

做法

1 鸡胸肉去除脂肪后煮熟，切碎备用，肉汤用细滤网过滤后备用。

2 豆腐切除表面坚硬的部分，用筛子捣碎；包菜洗净，切碎。

3 锅里放入鸡胸肉、豆腐、包菜、肉汤，用小火边煮边搅拌，煮到收汁即可。

食材选择上，只要是当季的新鲜水果都可随意更换。

新鲜水果汤

材料（宝宝一餐份）

苹果 40 克，桃子 40 克，葡萄 40 克，玉米粉水 5 毫升

小叮咛

苹果含有果糖和葡萄糖，还含有苹果酸，可以预防感冒、防治贫血。

做法

1 水果洗净，切成细丁。

2 锅中加水煮沸，放入切好的果粒。

3 倒入玉米粉水勾芡，用小火烹煮，不停地搅拌以防结块，煮开即可。

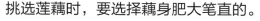

挑选莲藕时，要选择藕身肥大笔直的。

莲藕鳕鱼粥

材料（宝宝一餐份）

白米粥 60 克，鳕鱼肉 15 克，莲藕 15 克

小叮咛

莲藕含丰富的铁质，能补血，还有大量的纤维质和维生素 C 及微量糖分，对防治便秘很有益处。

做法

1 鳕鱼洗净、蒸熟后，去除鱼刺、鱼皮，将鱼肉捣碎备用。

2 莲藕洗净，用清水略泡一下，再剁细碎。

3 白米粥加水熬煮，放入蒸熟的鳕鱼肉、莲藕，搅拌均匀即可。

炖包菜

材料（宝宝一餐份）

嫩包菜叶 20 克，嫩豆腐 30 克

做法

1 将包菜用开水烫过，捞出后沥干水分，切碎，烫菜叶的水留下备用。

2 将豆腐放在滤网上，用开水焯烫后，再用汤匙捣碎。

3 豆腐、包菜放入小锅中，加入适量包菜水，边煮边调整浓度即可。

小叮咛

包菜含有丰富的维生素 C、钾、钙等，对调节肠胃功能有不错的功效。豆腐可提供蛋白质，又不刺激肠胃，是宝宝很好的断乳食材。

蛋黄久煮易硬，建议放入鸡蛋后，迅速搅拌便关火。

鲜菇鸡蛋粥

材料（宝宝一餐份）

白米饭 30 克，新鲜香菇 10 克，蛋黄半个

做法

1 香菇洗净取蕈柄，再切碎。

2 白米饭加水熬煮成粥，放入切碎的香菇，等粥变得浓稠后，放入蛋黄均匀搅拌即可。

小叮咛

菌菇类富含多糖类，能有效提高宝宝的免疫力。多糖类是水溶性营养素，不宜长时间用水清洗或浸泡，稍微冲洗便可烹调。

板栗搭配鸡肉的软绵口感很适合宝宝食用。

板栗鸡肉粥

材料（宝宝一餐份）

白米粥 60 克，鸡胸肉 10 克，板栗 2 个

做法

1 鸡胸肉切薄片，汆烫后捞出剁碎，汤汁备用。

2 将板栗煮熟后去皮，再磨成泥。

3 加热白米粥后，放入鸡肉、鸡肉汤和板栗，搅拌均匀即可。

小叮咛

板栗有养胃健脾、活血止血之功效，于冬季食用极佳。将板栗煮粥食用，能强健脾胃，增进食欲。

核桃果实坚硬，烹调时应将果实彻底磨碎，以免宝宝噎到。

核桃拌奶

材料（宝宝一餐份）

南瓜 50 克，土豆 50 克，葡萄干 5 克，核桃粉 15 克，配方奶粉 5 克

小叮咛

核桃营养丰富，其中蛋白质和糖类的含量较高，能促进宝宝大脑更加灵活。

做法

1 南瓜蒸熟后去皮，放在研磨器内磨成泥。

2 土豆去皮，蒸熟后磨成泥；葡萄干切碎，再放进研磨器内磨成泥。

3 清水放入锅中煮滚后，放入奶粉，用小火烹煮，再放入南瓜泥、土豆泥、葡萄干泥和核桃粉，再煮片刻，最后拌匀即可。

新鲜菇类不易保存，可用干毛巾吸收水分后，放置密封袋内，再放入冰箱冷藏。

鸡肉双菇粥

材料（宝宝一餐份）

白米饭 30 克，鸡胸肉 20 克，新鲜香菇 10 克，秀珍菇 10 克，鸡高汤适量

做法

1 鸡胸肉煮熟后剁碎。

2 香菇和秀珍菇洗净，再用开水焯烫后剁碎。

3 锅中放入米饭、水和鸡高汤熬煮成粥，再放入剁碎的香菇、秀珍菇熬煮片刻。

4 最后再放进鸡胸肉，搅拌均匀后即可。

小叮咛

鸡胸肉味道清淡，富含维生素 A，对宝宝来说是很好的食物。

宝宝应避免生食及一次性大量食用芋头。

奶香芋泥

材料（宝宝一餐份）
芋头 10 克，奶 粉 15 克

小叮咛 ······

芋头营养价值极高，含大量的膳食纤维，可增加饱足感及促进肠胃蠕动，还能有效预防宝宝发生便秘。

做法

1 芋头削皮、煮熟后，压成泥。

2 将奶粉用少量热水泡开备用。

3 将泡好的奶水与芋泥混合，搅拌均匀即可。

用于断乳食的土豆需要谨慎挑选。

土豆糯米粥

材料（宝宝一餐份）
糯米粥 60 克，土豆 10 克

小叮咛 ······

土豆含有丰富的维生素、大量的优质纤维素、蛋白质、脂肪和优质淀粉等营养素。

做法

1 土豆去皮、蒸熟后，磨成泥备用。

2 加热糯米粥，放入土豆泥，用小火熬煮、拌匀，待沸腾即可。

帮宝宝制作山药断乳食时应将山药先去皮，以免产生刺、麻等异常口感。

山药秋葵

材料（宝宝一餐份）
山 药 30 克，秋 葵 20 克

小叮咛 ······

山药营养价值高，柔软又易消化，其中含有大量的蛋白质、维生素、糖类和有益的微量元素等，可刺激和调节免疫系统。

做法

1 山药去皮后煮熟，压成泥备用。

2 秋葵洗净、去头尾后焯烫，再切成碎末。

3 将秋葵碎末，放入压碎的山药泥中即可。

熟豌豆用手搓揉可以轻易去皮。

豌豆布丁

材料（宝宝一餐份）

蛋黄 1 个，豌豆 5 粒，土豆 20 克，菠菜 10 克，奶粉 15 克，食用油少许

做法

1 豌豆煮熟后，去皮、压碎。

2 把蒸过的土豆磨成泥；菠菜焯烫后，切碎。

3 将蛋黄和奶粉拌匀，加入豌豆、菠菜和土豆。

4 在碗内抹上食用油，把食材放入碗内，放入电锅中蒸 15 分钟即可。

小叮咛

豌豆含有丰富的蛋白质、矿物质、多种维生素等营养素，很适合作为副食品。

part 3

让宝宝尝试不同的食材口感。

豌豆土豆粥

材料（宝宝一餐份）

白米粥 60 克，土豆 10 克，豌豆 5 克

做法

1 土豆蒸熟后，去皮、捣成泥。

2 豌豆煮熟后，去皮、捣碎。

3 将白米粥加热，再放入捣碎的土豆泥和豌豆泥一起熬煮，待粥变得浓稠后，即可关火。

小叮咛

豌豆含有许多营养素，其中，铜能增进宝宝的造血机能，帮助骨骼和大脑发育；维生素 C 更是名列所有鲜豆中的榜首。

糙米较不容易消化，在熬煮前磨碎，可以帮助宝宝肠胃吸收。

芝麻糙米粥

材料（宝宝一餐份）

白米粥 30 克，糙米粥 15 克，南瓜 20 克，芝麻 10 克

做法

1 混合白米粥和糙米粥并加热。

2 南瓜洗净，蒸熟后去皮、磨成泥。

3 芝麻放入捣碎器内磨碎。

4 在米粥中加入磨碎的芝麻和南瓜泥，稍煮片刻即可。

小叮咛

芝麻含亚麻油酸、棕榈酸等不饱和脂肪酸，还含有维生素 E，对宝宝大脑的发育有很好的帮助。糙米含有较多的 B 族维生素，其纤维质是白米的 3 倍，可帮助消化，因此对预防便秘有很好的作用。

鳕鱼与豆腐两者的软嫩口感让宝宝容易咀嚼。

鳕鱼豆腐稀粥

材料（宝宝一餐份）
白米 60 克，鳕鱼肉 15 克，嫩
豆腐 10 克，海带高汤 45 毫升

做法

1 鳕鱼蒸熟后，取出鱼肉捣碎，
白米磨碎备用。

2 豆腐用开水冲洗后再捣碎。

3 在锅中放入捣碎的米和高汤
熬煮成粥，再放入鳕鱼肉和
豆腐拌匀，稍煮即可。

小叮咛

鳕鱼不仅含有蛋白质、多种维
生素和脂肪等营养素，可活化
脑细胞、降低胆固醇，更因肉
质软嫩，非常适合宝宝食用。
豆腐富含蛋白质，味道清淡，
质感柔和，也是适合宝宝食用
的断乳食材之一。剩余的豆腐
可放进保鲜盒中注入冷水，并
让水位盖过豆腐，随后便可放
进冰箱冷藏。

部分茭白内部布有黑点是因为残留有菰黑穗菌，对人体没有害处。

茭白金枪鱼粥

材料（宝宝一餐份）

白米粥 60 克，金枪鱼肉 15 克，茭白 20 克，海带高汤 60 毫升，海苔粉适量

小叮咛

金枪鱼含有高蛋白，其 DHA 能增强记忆力，帮助宝宝脑部发育，并增加学习能力。

做法

1 将海带高汤加入白米粥中熬煮。

2 茭白洗净，焯烫、切细末；金枪鱼肉切碎。

3 将茭白、金枪鱼肉放入白米粥中，直至所有食材熬煮软烂为止。

4 最后洒上海苔粉，拌匀即可。

肠胃功能不佳的宝宝可在日常饮食中，酌量搭配食用包菜。

包菜素面

材料（宝宝一餐份）

嫩包菜叶 40 克，素面 20 克，海带适量

小叮咛

包菜含丰富的维生素C、钾、钙等营养素。

做法

1 包菜叶洗净，切碎。

2 锅中加水，放入海带熬煮成海带汤，而后捞出海带，只取清汤；将切好的包菜、素面放入海带汤中煮熟。

3 磨成糊状即可。

紫米需煮烂食用，其多数营养成分才能被宝宝所吸收。

紫米豆花稀粥

材料（宝宝一餐份）

白米粥 45 克，紫米稀粥 45 克，原味豆花 45 克

小叮咛

紫米富含铁质，是一种天然滋补品，具有补血暖身的功效，可作为宝宝的断乳食材之一。

做法

1 将白米粥和紫米粥放入锅中加热。

2 豆花先捣碎，待粥煮沸时，加入豆花搅拌均匀即可。

将鱼肉煮熟后较易磨细。

黄花鱼豆腐粥

材料（宝宝一餐份）

白米糊 60 克，黄花鱼 10 克，嫩豆腐 10 克，包菜 10 克

做法

1 包菜焯烫，切碎；豆腐洗净，捣碎。

2 黄花鱼洗净、氽烫后，除去皮和刺，再捣碎。

3 加热白米糊，放入黄花鱼、包菜和豆腐，煮熟即可。

小叮咛

黄花鱼不仅味道好，而且富含蛋白质，能帮助宝宝消化。

白萝卜味道清淡，炖煮后容易释放甜味，可促进宝宝食欲。

鲜鱼白萝卜汤

材料（宝宝一餐份）

鲜鱼肉 50 克，白萝卜 10 克，玉米粉 10 克，海带高汤适量

做法

1 将鱼肉蒸熟后，除去鱼刺、鱼皮并压成泥状。

2 白萝卜去皮，磨泥备用。

3 锅中加入海带高汤和水，煮沸，再加入鱼肉、白萝卜泥稍煮片刻。

4 最后用玉米粉水勾芡即可。

小叮咛

鱼肉中含有 DHA 和 EPA 两种脂肪酸，对宝宝的脑部发育很有帮助。

秀珍菇用开水氽烫后，再进行烹调，有利于去除异味。

萝卜秀珍菇粥

材料（宝宝一餐份）

白米粥 60 克，秀珍菇 10 克，白萝卜 10 克，海带高汤适量

小叮咛 ....

白萝卜味道鲜甜，含大量的消化酶，有助宝宝消化。

做法

1 白萝卜去皮，磨泥。

2 秀珍菇洗净、切碎，用开水焯烫后备用。

3 锅中放入白米粥、水和海带高汤，熬煮成稀粥，再放入秀珍菇，用小火慢煮。

4 最后放入萝卜泥，稍煮片刻即可。

部分宝宝不喜欢西红柿的酸味，可把它切丁与土豆泥、肉末拌匀，能借此缓解。

西红柿土豆

材料（宝宝一餐份）

西红柿 30 克，土豆 30 克，猪肉末 20 克

小叮咛 ....

西红柿中含有丰富的维生素 C 和纤维素，可帮助宝宝预防感冒，防止便秘。

做法

1 将西红柿洗净后焯烫、去皮，再切碎备用。

2 土豆去皮后，煮熟、压泥。

3 将碎西红柿、土豆泥及猪肉末一起搅拌均匀，放入锅中蒸熟即可。

甜甜的蔬果鸡蛋糕让宝宝一口接着一口。

蔬果鸡蛋糕

材料（宝宝一餐份）

蛋黄 1 个，土豆 20 克，香蕉 10 克，香瓜 10 克

小叮咛 ....

土豆中的维生素 C 是黄瓜的两倍，并含有成长发育不可缺乏的氨基酸，消化率更高达 96%，对宝宝非常有益。

做法

1 将香瓜洗净，切成小丁；香蕉去皮，磨成泥备用。

2 土豆去皮后，蒸熟、磨泥；把香瓜丁放入蒸锅中蒸熟，备用。

3 蛋黄中加入土豆泥、香蕉泥、香瓜丁，搅拌匀即可。

咳嗽多痰的宝宝不宜食用西红柿。

西红柿牛肉粥

材料（宝宝一餐份）

白米粥 60 克，牛肉末 20 克，西红柿 50 克，土豆 50 克，高汤 60 毫升

做法

1 土豆蒸熟后，去皮、磨泥。

2 西红柿用开水焯烫后，去皮、去籽，再剁细碎。

3 锅中放入高汤和白米粥煮滚，再放入牛肉末、西红柿熬煮一会，最后放入土豆泥搅拌均匀，略煮即可。

小叮咛

牛肉的蛋白质含有丰富的氨基酸，对宝宝的发育成长有很大的帮助。而西红柿富含茄红素、类胡萝卜素、维生素 A、B 族维生素、维生素 C 等营养素，可保护眼睛、增进食欲、帮助消化。

玉米的膳食纤维含量很高，可以促进宝宝肠胃的蠕动。

吐司玉米浓汤

材料（宝宝一餐份）
吐司 1/2 片，花菜 2 朵，玉米酱 30 克，鲜奶 100 毫升

做法

1 吐司去边，再切成 1 厘米的大小。

2 花菜洗净，煮软后剁碎。

3 锅中放入水和鲜乳加热，放入玉米酱和吐司、花菜。

4 边搅拌边用中小火煮至沸腾即可。

小叮咛 ·····················

花菜富含维生素 C、β－胡萝卜素、食物纤维等营养素，很适合制作断乳食，是具有代表性的健康食品。宝宝在断乳中期时，已可渐渐接受较多的菜色，妈妈可酌量加入成人饮食，但需牢记两个原则，烹煮软嫩及维持食物原味，不多加调味。

西红柿中含有锰、铜、碘等重要微量元素。

西红柿瘦肉粥

材料（宝宝一餐份）
白米粥 60 克，猪肉 20 克，
西红柿 10 克，花菜 15 克，
高汤 150 毫升

小叮咛
西红柿酸甜适口，营养丰
富，人称蔬菜中的水果。

做法
1 猪肉去除脂肪，再剁细碎备用。
2 西红柿洗净、焯烫后，去皮、剁碎；花菜洗净取花蕾，焯烫后切碎。
3 加热白米粥，放入高汤、西红柿和花菜、猪肉，煮至食材软烂即可。

作为断乳食，牛肉要选用脂肪较少的部位，如牛筋间肉或后腿肉。

牛肉白萝卜粥

材料（宝宝一餐份）
白米饭 30 克，牛绞
肉 20 克，白萝卜 10
克，菠菜 5 克，高汤
适量

小叮咛
牛肉含丰富的蛋白
质、脂肪、铁等，能
增加宝宝抵抗力。

做法
1 白萝卜去皮，剁碎。
2 菠菜洗净、焯烫后，剁碎备用。
3 将高汤、水和白米饭熬煮成粥后，放入牛绞肉和白萝卜继续熬煮。
4 最后放进菠菜煮熟即可。

菌菇类含有的 B 族维生素是水溶性的，
做成粥品方便宝宝吸收。

秀珍豆腐稀粥

材料（宝宝一餐份）
白米粥 60 克，秀珍
菇 10 克，菠 菜 10
克，豆腐 20 克，高
汤适量

小叮咛
秀珍菇很香嫩，含有
丰富的食物纤维，能
改善宝宝便秘问题。

做法
1 秀珍菇与菠菜分别焯烫后、切碎；豆腐洗净后压碎。
2 锅中放入白米粥和高汤熬煮，再放入秀珍菇、菠菜与豆腐一起煮熟即完成。

豆腐易消化，适合给身体虚弱、体型瘦小的宝宝食用。

豆腐秋葵糙米粥

材料（宝宝一餐份）
白米稀粥 45 克，糙米稀粥 15 克，豆腐 50 克，秋葵 半支

做法
1 豆腐捣碎备用。
2 秋葵洗净后，去头尾、切碎。
3 将白米稀粥、糙米稀粥、豆腐和秋葵一起熬煮至软烂即可。

小叮咛
糙米等未被精白的壳类外皮包覆，由于含磷过多，会使钙、铁吸收恶化。

苹果含有丰富果胶，对宝宝便秘很有效果。

椰菜炖苹果

材料（宝宝一餐份）
西蓝花 20 克，苹果 25 克，太白粉 5 克

做法
1 苹果去皮、磨成泥；西蓝花烫熟后，剁碎；太白粉加水，调成太白粉水备用。
2 锅中放入苹果和西蓝花一起炖煮。
3 倒入太白粉水不停搅拌，直到呈现适当浓稠度即可。

小叮咛
西蓝花属十字花科类，含有丰富的维生素和植物纤维，营养价值非常高。品质好的西蓝花，其根部切断面潮湿，且花朵密实不松散。

菠菜营养价值很高，含有维生素 B_1、B_2、C 以及铁、钙、钾等多种营养素。

鳕鱼菠菜稀粥

材料（宝宝一餐份）
白米粥 60 克，鳕鱼 15 克，菠菜 15 克

做法
1 将鳕鱼洗净、蒸熟后，去鱼皮、鱼刺，再将鱼肉压碎。
2 将菠菜洗净、焯烫后，切碎。
3 加热白米粥，放入鳕鱼、菠菜煮滚后即可。

小叮咛
鳕鱼含有优质蛋白和钙，能健壮宝宝骨骼和身体，对其发育成长有益。

芝士的蛋白质比鱼类蛋白更佳，易被分解吸收，非常适合宝宝食用。

土豆芝士粥

材料（宝宝一餐份）

白米粥 60 克，土豆 20 克，菜豆 3 个，原味芝士 1/2 片，海带高汤 60 毫升

小叮咛

芝士通常是用牛奶或羊奶做成，含有丰富的营养素。

做法

1 土豆煮熟后，去皮、切块、磨成泥。

2 菜豆焯烫后，磨碎。

3 将白米粥加入海带高汤一起熬煮，再放入土豆和菜豆煮熟。

4 最后放入芝士，使其溶化即可。

鲔鱼让宝宝更加健康、聪明。

土豆金枪鱼蒸蛋

材料（宝宝一餐份）

鸡蛋 1 个，金枪鱼肉 20 克，土豆 20 克，洋葱 5 克，葱花少许，海带高汤 30 毫升，奶油适量

小叮咛

鸡蛋营养成分虽高，但蛋白质不易消化。

做法

1 将金枪鱼肉切碎；土豆、洋葱分别洗净、去皮，剁细碎备用。

2 锅中放入奶油加热，再放入洋葱、土豆、金枪鱼肉及葱花翻炒。

3 鸡蛋取蛋黄，加入炒好的食材、海带高汤，拌匀蒸熟即可。

丁香鱼含有丰富的钙质，适合宝宝骨骼的成长发育。

丁香鱼粥

材料（宝宝一餐份）

白米稀粥 60 克，丁香鱼 20 克，菠菜 10 克，海带高汤适量

小叮咛

丁香鱼不可买颜色过于精白的，也可以用白肉鲜鱼来替代。

做法

1 菠菜洗净、焯烫后，切碎备用。

2 丁香鱼放入滤网，用开水冲洗，去掉盐分后切碎备用。

3 锅中放入海带高汤和白米稀粥，再放入丁香鱼、菠菜，煮至食材软烂即可。

面条建议切成宝宝的适口长度。

白菜清汤面

材料（宝宝一餐份）

面条 30 克，白菜 10 克，海带高汤适量

做法

1 白菜洗净，切小丁。

2 将面条切小段，放入滚水中煮熟后，捞出备用。

3 白菜放进海带高汤里，煮软后加入面条，再次沸腾即完成。

小叮咛

白菜含丰富的维生素 C、钙、磷和铁等营养元素，对消化不良或便秘的宝宝十分有益。

秋后的老茄子含有较多的茄碱，建议少吃。

紫茄菠菜粥

材料（宝宝一餐份）

白饭 30 克，紫茄 20 克，菠菜 20 克，猪绞肉 10 克，海带高汤 100 毫升

做法

1 紫茄洗净、去皮后，切碎。

2 菠菜洗净、焯烫后，切碎。

3 将白饭、水和海带高汤放入锅中熬煮成粥，当米粒膨胀时，加入猪绞肉和紫茄一起熬煮。

4 最后放入菠菜，略煮片刻即可。

小叮咛

茄子营养丰富，但性凉，体弱胃寒的宝宝不宜多吃。

体质虚寒的宝宝，可用包菜代替白菜使用。

鳕鱼白菜面

材料（宝宝一餐份）

面条 30 克，鳕鱼 20 克，白菜 10 克，海带高汤适量

小叮咛

鳕鱼中含有优质蛋白和钙，能健壮骨骼和身体，有助于宝宝发育成长。

做法

1 鳕鱼蒸熟后，除去鱼刺与鱼皮，再将鱼肉压碎备用。

2 白菜洗净后，切小丁。

3 面条切小段，放入热水中，煮熟后捞出备用。

4 热水煮沸后放入海带高汤，再放入白菜丁，白菜煮软后，加入面条、鳕鱼肉即可。

胃寒、腹胀、腹泻的宝宝不宜食用过多菜豆。

豆腐菜豆粥

材料（宝宝一餐份）

白米饭 30 克，菜豆 5 克，洋葱 5 克，豆腐 20 克，黑芝麻少许，海带高汤 100 毫升

小叮咛

豆腐高蛋白、低脂肪，口感嫩滑，非常适合宝宝食用。

做法

1 豆腐沥干水分，磨碎。

2 菜豆洗净、焯烫后，切碎；洋葱洗净、切碎。

3 将海带高汤、白米饭和水一起熬煮成米粥。

4 加入豆腐、菜豆、洋葱煮熟，撒上黑芝麻即可。

小白菜口感清甜，既帮助宝宝消化又不刺激其肠胃。

小白菜玉米粥

材料（宝宝一餐份）

白米饭 30 克，小白菜 20 克，玉米粒 20 克，海带高汤适量

小叮咛

玉米是非常有益的蔬菜，其氨基酸、粗纤维及植物性蛋白含量都很高。

做法

1 小白菜、玉米粒洗净后焯烫，捞出切碎。

2 将白米饭、水和海带高汤一起熬煮成粥，再放入小白菜、玉米粒，煮至食材熟软即可。

剩余的胡萝卜在切面洒水，用保鲜膜包好，套上保鲜袋，置于冷藏室可增加保存时间。

水梨胡萝卜粥

材料（宝宝一餐份）

白米饭 30 克，水梨 20 克，胡萝卜 15 克

做法

1 水梨洗净后，去皮、磨成泥；胡萝卜去皮、蒸熟后，磨泥备用。

2 小锅中放入白米饭和适量水熬煮成粥。

3 最后放入胡萝卜泥和水梨泥拌匀，即可关火。

小叮咛 ......

胡萝卜除了含有在体内可转化为维生素 A 的 β - 胡萝卜素之外，还含有很高的钾和植物纤维，适合成长中的宝宝食用。

用于断乳食的牛肉，建议瘦肉为主。

牛肉南瓜粥

材料（宝宝一餐份）

白米饭 30 克，牛肉末 30 克，洋葱 15 克，南瓜 15 克，芝麻油适量

做法

1 将米饭加水熬煮成稀粥。

2 洋葱、南瓜分别洗净，去皮、切碎备用。

3 热锅放入芝麻油，油热后放入牛肉末翻炒至半熟，再放入白米稀粥及洋葱、南瓜煨煮，沸腾即可关火。

小叮咛 ......

牛肉含有丰富的蛋白质、B 族维生素、铁和微量元素，且肉质柔软，味道鲜美，能增强抵抗力，有益宝宝成长。

若宝宝不喜欢芋头的味道，可在食材中拌入配方奶，让宝宝增加食欲。

奶香芋头玉米泥

材料（宝宝一餐份）
芋头 25 克，玉米粒 25 克，
配方奶水 15 毫升

小叮咛 ....

芋头含有大量的膳食纤维，可增加饱足感，还可促进肠胃蠕动，其口感细软，宝宝很容易吞咽。

做法

1 芋头去皮、洗净后，切成块状并蒸熟、压成泥状。

2 玉米粒洗净、煮熟后，放入搅拌器中，搅拌成玉米蓉。

3 将蒸熟的芋头与玉米蓉拌匀，再加入奶粉水搅拌均匀，即可食用。

红薯含水量较少，烹煮时记得多加点水。

红薯炖水梨

材料（宝宝一餐份）
红薯 30 克，水梨 30 克

小叮咛 ....

红薯营养成分高，含有许多纤维质，对宝宝的排便很有帮助。水梨水分多又清甜，能补足红薯所缺水分，两者可说是最佳拍档。

做法

1 将红薯、水梨洗净后，去皮、切小丁。

2 锅中放入红薯丁及水梨丁，加适量水熬煮至软烂即可。

红薯皮要削去厚一点，才能去除涩味。

红薯炖苹果

材料（宝宝一餐份）
红薯 30 克，苹果 30 克

小叮咛 ....

红薯的营养成分十分丰富，除糖分外，还含有维生素 B_1、B_2 和 C、钾、食物纤维、胡萝卜素等，口感也很适合宝宝。

做法

1 将红薯、苹果去皮后，切成小丁。

2 锅中放入红薯丁和苹果丁，加入适量的水一起炖煮。

3 待红薯丁和苹果丁煮至软烂即可起锅。

南瓜也可改用胡萝卜，就变成胡萝卜豆腐泥。

南瓜豆腐泥

材料（宝宝一餐份）
南瓜 20 克，嫩豆腐 50 克，蛋黄 1 个

小叮咛
豆腐营养丰富，很适合用来制作宝宝的断乳食。

做法

1 南瓜洗净、去皮，切小丁；嫩豆腐捣碎备用。

2 在锅内倒入水和南瓜丁炖煮，直到南瓜变软，再将嫩豆腐加进去，边煮边搅拌。

3 将蛋黄打散，加入汤内即可。

苹果泥让胡萝卜的独特口感变得讨人喜欢。

胡萝卜甜粥

材料（宝宝一餐份）
白米饭 30 克，苹果泥 15 克，胡萝卜 15 克

小叮咛
胡萝卜富含可在体内转化成维生素 A 的 β – 胡萝卜素，可以保护细胞黏膜及提高身体抵抗力。

做法

1 苹果磨成泥备用。

2 胡萝卜去皮、蒸熟，磨泥后备用。

3 锅中放入白米饭，加入适量水，用小火熬煮成粥，需不停搅拌。

4 待米粒软烂后，放入其它食材拌匀即可。

猪肉的维生素 B$_1$ 是牛肉的 10 倍多，但作为断乳食须选较瘦的部位来使用。

土豆瘦肉粥

材料（宝宝一餐份）
白米粥 60 克，土豆 20 克，猪瘦绞肉 10 克，胡萝卜 10 克，高汤 45 毫升

小叮咛
土豆所含的维生素 C，即使高温加热也不会被破坏，有益于宝宝消化吸收。

做法

1 土豆、胡萝卜蒸熟后，磨碎。

2 锅中放入白米粥、猪绞肉和高汤煮滚。

3 最后放入磨好的土豆和胡萝卜，稍煮片刻即可关火。

板栗中含有丰富的维生素和矿物质，有益于宝宝肌肉成长。

梨栗南瓜粥

材料（宝宝一餐份）

白米粥 60 克，梨子 15 克，板栗 3 个，南瓜 10 克

做法

1 梨子去皮，磨成泥。

2 板栗蒸熟后磨碎；南瓜蒸熟后，去皮、磨成泥。

3 将白米粥加热，放入板栗泥和南瓜泥一起熬煮，并搅拌均匀。

4 最后再放入梨子泥，稍煮片刻即可。

小叮咛

梨子是降体热的食物，最适合夏天食用，煮熟后对呼吸系统弱的宝宝也很有帮助。

花菜含有丰富的食物纤维，很适合作为断乳食。

椰菜红薯粥

材料（宝宝一餐份）

白米粥 60 克，红薯 30 克，花菜 20 克，洋菇 10 克，高汤 90 毫升

做法

1 红薯蒸熟后，去皮、捣成泥。

2 花菜、洋菇焯烫后，切碎。

3 锅中倒入高汤和白米粥烹煮，再放入花菜及洋菇一起熬煮。

4 最后放入碎红薯，边煮边搅拌，至沸腾即可。

小叮咛

红薯含有丰富的胡萝卜素与 B 族维生素、维生素 C 等营养素，其口感很适合让宝宝入口。挑选时，要以外表光滑饱满的为优先，若根太多且较硬，不适合喂食宝宝。

鸡胸肉柔嫩且脂肪少，很适合宝宝食用。

嫩鸡胡萝卜粥

材料（宝宝一餐份）

白米饭 30 克，胡萝卜 10 克，鸡胸肉 20 克，土豆 20 克，洋葱 5 克，鸡高汤适量

小叮咛

鸡肉含有丰富的蛋白质、维生素和各种矿物质，对身体虚弱的宝宝很有好处。

做法

1 鸡胸肉洗净、水煮后，切碎。

2 胡萝卜、土豆与洋葱分别洗净、去皮、切碎。

3 米饭加水和高汤一起熬粥，再放进鸡肉、胡萝卜、土豆、洋葱，煮至食材熟软即可。

茭白放置过久容易失去水分，建议买回后趁早食用。

蔬菜玉米片粥

材料（宝宝一餐份）

玉米片 45 克，胡萝卜 20 克，茭白 20 克，泡好的牛奶 75 毫升

小叮咛

茭白水分和纤维质含量多，容易有饱足感。

做法

1 胡萝卜和茭白分别洗净、切碎备用。

2 锅中放入泡好的牛奶，再放入切碎的胡萝卜和茭白，边煮边搅拌。

3 待锅中胡萝卜和茭白煮至软烂，放入玉米片，待玉米片熟软即可。

苹果与菠萝的酸甜口感可引发宝宝对食物的探索心。

苹果菠萝布丁

材料（宝宝一餐份）

蛋黄 1 个，苹果 25 克，新鲜菠萝 15 克，太白粉 2 克，奶粉 5 克，食用油少许

小叮咛

新鲜菠萝富含水果酵素和大量纤维质，对宝宝健康有益。

做法

1 苹果去皮、磨成泥；菠萝去皮、磨碎备用。

2 将蛋黄、奶粉、太白粉混合，再倒入苹果和菠萝一起搅拌。

3 碗中抹上少许食用油，再放入拌匀的食材蒸熟即可。

粥里放入肉类应切碎，肉汤要清除油渍后才可使用。

菜豆牛肉粥

材料（宝宝一餐份）

白米粥 60 克，高汤 60 毫升，牛肉 30 克，胡萝卜 10 克，菜豆半支

做法

1 牛肉洗净，放入热水中汆烫，捞出，再切碎备用。

2 菜豆洗净、焯烫后，捣碎成泥；胡萝卜去皮，蒸至熟软后，捣碎备用。

3 将白米粥加热，放入高汤煮滚后，加入胡萝卜泥、菜豆泥和碎牛肉，改用小火熬煮成粥即可。

▶ **小叮咛** ....

牛肉营养价值高，可暖身、强健胃肠，其中蛋白质、糖类容易被人体吸收，有益宝宝成长发育。

平时可先将胡萝卜、白萝卜及洋葱洗净后，熬煮成清甜蔬菜高汤备用。

黄豆蔬食粥

材料（宝宝一餐份）

白米稀粥 60 克，黄豆 10 克，菜豆 10 克，西蓝花 10 克，胡萝卜 10 克，高汤适量

做法

1 黄豆、菜豆煮熟后，去皮、剁碎。

2 西蓝花洗净、剁碎；胡萝卜洗净，去皮、剁碎。

3 加热白米稀粥，放入高汤和剁碎的食材，加热煮至软烂即可。

▶ **小叮咛** ....

黄豆含有蛋白质、糖类、脂类、多种维生素和钙、磷、铁、钾等营养成分，其中还含有大脑所需的不饱和脂肪酸，可为宝宝大脑提供更多能量。

挑选胡萝卜时，尽量选择颜色较深的。

白菜胡萝卜汤

材料（宝宝一餐份）
嫩大白菜叶 1 片，胡萝卜 15 克，海带适量

小叮咛
白菜含有丰富的维生素 A、C 及构成蛋白质的氨基酸，对宝宝很好。胡萝卜则是越新鲜，味道越好。

做法
1 用湿布将海带上的盐渍擦拭干净，放入水中浸泡 30 分钟后取出，洗净后切丝。
2 大白菜叶、胡萝卜分别洗净，煮熟后切碎备用。
3 锅中加水，放入海带丝煮至软烂，再加入切碎的大白菜叶和胡萝卜，再次煮沸即可。

使用鱼肉作为断乳食，要把鱼刺彻底去除干净。

鱼肉白菜粥

材料（宝宝一餐份）
白米饭 30 克，白肉鲜鱼 20 克，白菜 5 克，胡萝卜 5 克，海带高汤适量

小叮咛
白肉鲜鱼少刺、无腥味，富含蛋白质且易吸收，很适合拿来制作宝宝的断乳食。

做法
1 白菜洗净后剁碎；胡萝卜洗净、去皮、蒸熟后，压碎备用。
2 鲜鱼煮熟后，取出鱼肉，除去鱼刺和鱼皮，切成小块。
3 在锅中倒入海带高汤、水和白米饭熬煮成粥。
4 再放入鱼肉、白菜和胡萝卜一起煮至食材熟透即可。

芹菜作为断乳食使用时，需除去较粗的纤维。

芹菜红薯粥

材料（宝宝一餐份）
白米粥 75 克，红薯 20 克，芹菜 1 根

小叮咛
红薯含有大量的食物纤维，可预防宝宝便秘。食用红薯来帮助宝宝排便时，应补充足够水分，以免造成反效果。

做法
1 红薯去皮后，蒸熟、磨成泥。
2 芹菜除去叶及粗壮的丝后，切碎。
3 白米粥煮开后，放入红薯用小火熬煮，再放入芹菜煮熟即可。

酸酸甜甜的水果乳酪，很适合让宝宝在夏天食用。

水果乳酪

材料（宝宝一餐份）
柳橙 25 克，猕猴桃 20 克，苹果 25 克，乳酪 30 克

小叮咛 ....
猕猴桃含丰富的纤维质、果胶及多种氨基酸，有助于改善宝宝消化不良、食欲不振、皮肤斑点等症状。

做法
1 将柳橙取出果肉后，去籽、切小块；苹果洗净后，去皮、切小块。
2 将去皮的猕猴桃放入研磨器内，用汤匙捣碎成黏稠状。
3 将柳橙和苹果放入容器里面，再加入乳酪搅拌均匀。
4 最后将猕猴桃淋在上面即可。

鲜艳的天然蔬果色泽引发宝宝对食物探索的好奇心。

鸡肉鲜蔬饭

材料（宝宝一餐份）
白饭 30 克，鸡胸肉 20 克，胡萝卜 10 克，青椒 10 克，洋葱 10 克，高汤 200 毫升，乳酪粉少许

小叮咛 ....
鸡肉含有较多脂肪，作为宝宝的断乳食材，建议先除去脂肪。

做法
1 将鸡胸肉、青椒、洋葱、胡萝卜分别洗净后，切丁备用。
2 白饭加水，与切好的食材一同放入锅中，倒入高汤，用小火煮至食材软烂。
3 盛出煮好的食材，洒上乳酪粉即可。

紫米不易煮烂，研磨后颗粒要比白米细碎，否则容易造成宝宝肠胃消化不良。

紫米豆腐稀粥

材料（宝宝一餐份）
白米粥 60 克，紫米粥 30 克，嫩豆腐 20 克，南瓜 10 克，白菜 10 克

小叮咛 ....
紫米能够调节宝宝身体的综合功能，强化免疫力，预防疾病。

做法
1 白米粥与紫米粥放入果汁机中，搅拌成糊状。
2 豆腐捣碎；南瓜洗净后，去皮、切碎；白菜洗净后，切碎备用。
3 将米糊倒入锅中加热，再放入豆腐、南瓜、白菜，熬煮片刻即可。

白菜的清甜与鸡肉的鲜香。

鸡肉白菜粥

材料（宝宝一餐份）

白米饭 30 克，鸡胸肉 20 克，白菜 20 克，胡萝卜 10 克，芝麻少许，高汤适量

小叮咛

白菜含有丰富的维生素 A、C 及钙、磷、铁等营养素，还含有构成蛋白质的氨基酸，很适合宝宝食用。

做法

1 鸡胸肉煮熟，剁碎；芝麻磨碎。

2 白菜、胡萝卜分别洗净、去皮，汆烫后切碎备用。

3 白米饭加水后，放入高汤熬煮成粥，再放进白菜、胡萝卜继续煮。

4 最后放入鸡胸肉、芝麻搅拌均匀，稍煮即可。

胡萝卜保存方法为夏天冷藏，冬天常温保存。

椰菜鸡肉粥

材料（宝宝一餐份）

白米饭 30 克，鸡胸肉 20 克，西蓝花 10 克，胡萝卜 10 克，海带高汤适量

小叮咛

西蓝花中富含维生素 A 和维生素 C，对发育中的宝宝是不可缺少的。

做法

1 鸡胸肉洗净、汆烫后，剁碎。

2 西蓝花洗净、焯烫后，剁碎；胡萝卜去皮，再剁碎。

3 白米饭加入水、海带高汤熬煮成粥，放入西蓝花、胡萝卜和鸡胸肉，熬煮至食材软烂即可。

直接食用紫米，容易因其黏性导致肠胃消化不良，因此不建议。

红薯紫米粥

材料（宝宝一餐份）

白米粥 60 克，紫米 15 克，红薯 20 克

小叮咛

紫米具有极高营养价值，热量比糯米的低，蛋白质含量却比糯米的高，具补血、健脾的效用，能增强体力。

做法

1 红薯去皮、蒸熟后，捣碎；紫米磨碎备用。

2 白米粥放入锅中加热，并加入磨碎的紫米。

3 最后将红薯泥放入煮好的粥里拌匀，再煮沸一次即可。

紫米、黑豆对宝宝来说是很好的黑色谷物。

糙米南瓜粥

材料（宝宝一餐份）

白米粥 45 克，糙米粥 15 克，紫米 15 克，南瓜 20 克，黑豆 15 克

做法

1 黑豆洗净，磨碎；紫米洗净，磨碎；南瓜去皮、蒸熟，捣成泥。

2 把白米粥、糙米粥、磨碎的紫米和黑豆加入锅中烹煮。

3 在米粥中放入南瓜泥稍煮片刻，让所有食材味道融合即可。

小叮咛 ·······················

糙米含有较多的 B 族维生素，其纤维质是白米的 3 倍，因此对预防便秘有很好的帮助。

豆腐口感软嫩、味道鲜美，适合作为断乳食物。

豆腐萝卜泥

材料（宝宝一餐份）

豆腐 20 克，胡萝卜 15 克，海带汤 150 毫升

做法

1 豆腐用开水烫煮后，沥干、压碎备用。

2 胡萝卜洗净后去皮、切薄片，煮熟后再捣碎。

3 锅中加入海带汤，放进胡萝卜泥和豆腐泥，煮至软烂即可。

小叮咛 ·······················

用于断乳食物的豆腐，必须经过加热煮熟，为使其口感滑嫩，建议使用嫩豆腐。

鲜鱼肉若是熬煮过老，肉质会变硬，需注意。

鳕鱼南瓜粥

材料（宝宝一餐份）

白米饭30克，鳕鱼肉20克，南瓜15克，洋葱15克，海带汤适量

做法

1 鳕鱼蒸熟后，取出鱼肉除去皮、刺，接着捣碎备用。

2 南瓜、洋葱洗净后，去皮、剁碎备用。

3 在锅中放入米饭、水与海带汤熬煮成粥，沸腾后，再放入南瓜和洋葱一起熬煮，待食材熟透后，放入鳕鱼肉搅拌均匀即可。

小叮咛

鳕鱼营养高，含有丰富的镁元素及维生素A、D，对心血管系统有很好的保护作用。

有过敏体质的宝宝，最好在一岁后再试吃蛋白。

蛋黄粥

材料（宝宝一餐份）

白米粥60克，鸡蛋1个

做法

1 加热白米粥。

2 鸡蛋取蛋黄部分并打散，倒入白米粥中均匀搅拌，蛋黄煮熟后即可。

小叮咛

鸡蛋是高蛋白食品，如果食用过多，会导致代谢产物增多，同时也增加肾脏负担，需注意不可食用过量。

白米粥可以中和优酪乳的酸度。

优酪乳白米粥

材料（宝宝一餐份）

白米粥 60 克，优酪乳 50 克

做法

1 白米粥加水熬煮成稀粥。

2 待粥凉至温热程度，再加入优酪乳
拌匀即可。

小叮咛

优酪乳可促进宝宝肠胃功能，并增加肠
道里的益生菌、强化消化排泄系统，但
由于酸度高，不适合让宝宝直接饮用。

鸡肉粥很适合断乳中期的宝宝食用。

鸡肉粥

材料（宝宝一餐份）

白米粥 60 克，鸡胸肉 15 克

做法

1 鸡胸肉洗净后，除去脂肪膜，再汆烫、
剁碎，留下鸡汤备用。

2 加热白米粥，再把鸡胸肉和鸡汤放入粥
里，稍煮片刻即可。

小叮咛

鸡肉易消化、好吸收，是低热量食物，只
会对宝宝的肠胃带来极少负担，在蛋白质
含量较多的肉类中，鸡肉脂肪最少、味道
清淡，因此较适合用来制作断乳食。

part 4
后期断乳食谱
103道

断乳后期的宝宝已经学会了紧闭小嘴上下咀嚼的动作，妈妈在这个时期可以分成早餐、中餐、晚餐喂食，因此，宝宝从断乳食物中能摄取各种营养素变得格外重要。

甜甜的红薯丸子当点心也很棒。

甜红薯丸子

材料（宝宝一餐份）

红薯 40 克，牛奶 25 毫升

做法

1 将红薯洗净、去皮、蒸熟，压成泥。

2 加入牛奶，搅拌均匀，揉成丸子状即可。

小叮咛

红薯的营养成分十分丰富，除糖分外，还含有即使加热也不会被破坏的维生素 C，另外还具备丰富的植物纤维，可帮助宝宝避免产生便秘。红薯要挑选大而圆的形状的，这个形状的红薯不仅口感松软，而且容易烹煮。另外，表面光滑无伤疤，颜色自然鲜艳的才是上品，而表皮带有斑点且凹凸不平的红薯会有苦味，并含有害成分。

让宝宝尝试不同的食物，练习咀嚼及吞咽能力。

肉丸子

材料（宝宝一餐份）

瘦猪绞肉 35 克，葱花少许，鸡蛋半个，太白粉 2 克，番茄酱 8 克，食用油适量，太白粉水适量

做法

1 鸡蛋打散后，加入猪绞肉、葱花和太白粉搅拌均匀，做成小肉丸子。

2 热油锅，放入小肉丸子半煎炸至金黄色为止。

3 小锅内放入番茄酱，加进太白粉水勾芡，再将芡汁淋在炸好的肉丸子上面即可。

小叮咛

猪肉中所含的维生素 B_1 是牛肉的 10 倍之多，但猪肉油脂成分较高，作为断乳食须选择较瘦的部位使用。不喜欢粥品的宝宝，在断乳后期可给予较软的饭，若是宝宝会用牙龈咀嚼，便可以给予少许的固态食物，训练宝宝咀嚼与吞咽的能力。

由于蛋白不易消化，宝宝在断乳中期前建议只吃熟蛋黄。

胡萝卜炒蛋

材料（宝宝一餐份）

蛋黄半个，胡萝卜 20 克，配方奶 15 毫升，奶油适量

小叮咛

胡萝卜含丰富的维生素，尤其是维生素 A 的含量，对宝宝眼睛发育非常好。

做法

1 将蛋黄与配方奶一起打匀。

2 胡萝卜洗净、去皮、切碎后，放入蒸锅蒸熟并取出。

3 把胡萝卜末放入拌好的配方奶中并拌匀。

4 平底锅加热，放入奶油融化后，再拌好的食材，边搅拌边炒熟即可。

熬粥时用肉汤代替水，不仅味道香浓，营养也增加了。

牛肉红薯粥

材料（宝宝一餐份）

白米饭 30 克，牛肉片 15 克，红薯 20 克，食用油适量

小叮咛

牛肉中的维生素 A、B 族维生素以及铁，可以预防宝宝缺铁性贫血。

做法

1 牛肉洗净后，去除筋和脂肪，再切成碎丁；红薯削皮后，切成牛肉一般大小，浸泡在冷水里。

2 热油锅，牛肉略炒后放入米饭和水，煮至米粒软烂，再放入红薯，用中火熬至浓稠即可。

南瓜的自然甜味让羊羹更好吃了。

南瓜羊羹

材料（宝宝一餐份）

南瓜 30 克，洋菜粉 5 克，牛奶 15 毫升

小叮咛

色泽偏红的南瓜含有茄红素，具备抗氧化的功效，能增强免疫功能和预防宝宝皮肤敏感或感冒。

做法

1 南瓜去皮、去籽后，蒸熟、磨泥。

2 锅中加入洋菜粉、牛奶和南瓜泥边搅拌边煮，熬至洋菜粉完全溶化后放凉。

3 将煮好的食材盛盘后，放进冰箱冷藏 1~2 个小时，待其完全凝固即完成。

南瓜富含多种营养素，适合宝宝食用。

鸡蛋南瓜面

材料（宝宝一餐份）
素面 30 克，鸡蛋 1 个，南瓜 15 克，高汤 75 毫升，芝麻油少许

小叮咛
鸡蛋被认为是婴幼儿的理想食材，不仅取得方便，更拥有丰富营养素，因此常常被使用在断乳食物中。

做法

1. 鸡蛋打成蛋液、煎蛋皮后，切成细丝；南瓜去皮、去籽，再切丝。

2. 热锅后，放入芝麻油拌炒南瓜，待其熟软后取出备用。

3. 素面煮好后捞出，放入凉开水中浸泡一下，随即捞出、沥干及盛盘。

4. 高汤煮滚后放入南瓜、蛋丝，淋在面上即可。

购买鲭鱼时，建议选择眼睛明亮透明、肉质有弹性的为佳。

鲭鱼胡萝卜稀饭

材料（宝宝一餐份）
白米饭 30 克，鲭鱼 15 克，胡萝卜 15 克

小叮咛
鲭鱼含有非常丰富的 DHA 与 EPA，多吃鲭鱼有益宝宝健康。

做法

1. 鲭鱼泡在洗米水（或牛奶）中去除腥味后，洗净、氽烫、剔除鱼刺，再取鱼肉捣碎。

2. 胡萝卜去皮，捣碎。

3. 锅中倒入适量水、胡萝卜稍煮，再加入米饭、鲭鱼肉煮成稀饭即可。

萝卜肉粥可帮助维护宝宝眼睛及骨骼健康。

萝卜肉粥

材料（宝宝一餐份）
白米粥 75 克，胡萝卜 10 克，牛肉片 20 克（猪肉及鸡肉也可），南瓜 20 克，食用油少许

小叮咛
断乳食尽可能晚添加调味料，建议爸妈们利用食物原本的风味来作为断乳食的调味。

做法

1. 胡萝卜、南瓜蒸熟后，去皮、磨成泥。

2. 牛肉片切小丁备用。

3. 热油锅，放入牛肉片炒熟，再放入胡萝卜泥和南瓜泥略炒一下，最后加入白米粥，用小火煮开即可。

薏仁很难煮软，建议先浸泡一段时间，吸收水分后较易熟透。

豌豆薏仁粥

材料（宝宝一餐份）
豌豆 15 克，裙带菜少许，薏仁 30 克

小叮咛
薏仁含丰富的糖类、蛋白质、B 族维生素等，适合让宝宝在夏天食用。

做法
1 薏仁洗净后，在凉水中浸泡 1 小时再熬煮。
2 将裙带菜泡开，再切碎备用。
3 薏仁煮熟软后，放入裙带菜和豌豆再熬煮一会即可。

夏天很适合让宝宝食用丝瓜芝士拌饭。

丝瓜芝士拌饭

材料（宝宝一餐份）
白米粥 75 克，丝瓜 20 克，芝士 1/2 片

小叮咛
丝瓜富含多种维生素及多糖体等营养素，对宝宝来说非常的有益处。

做法
1 丝瓜削皮后，切小丁。
2 芝士片切碎备用。
3 锅中放入米粥加热，再放入丝瓜一起熬煮，待丝瓜出水软烂后，加入芝士片拌匀即可。

大部分宝宝都很喜欢蒸蛋的口感。

综合蒸蛋

材料（宝宝一餐份）
蛋黄 1 个，绿色蔬菜适量，鸡胸肉 5 克，高汤 30 毫升

小叮咛
综合蒸蛋可以为宝宝补充卵磷脂，促进其生长发育。

做法
1 鸡胸肉切小丁；蔬菜洗净，切碎。
2 将高汤和蛋黄一起搅拌均匀，倒入碗中，并放入蔬菜和鸡肉丁，再将碗放入蒸锅中，蒸 15 分钟即可。

断乳食若选择肉类时，尽量与青菜一起烹煮，才能确保宝宝饮食均衡。

西蓝花土豆泥

材料（宝宝一餐份）
西蓝花 30 克，土豆 30 克，猪肉 10 克，食用油适量

小叮咛 ·····
西蓝花含有丰富的维生素 C 和纤维质，可以让宝宝皮肤变好、预防便秘。猪肉含丰富蛋白质，有助宝宝成长。

做法

1. 西蓝花洗净、煮熟后，切碎；土豆蒸熟后，去皮、压成泥；猪肉切成小片。
2. 锅中注油烧热，加入猪肉片炒熟。
3. 将炒熟的猪肉片盛入碗中，加入土豆泥、碎西蓝花，拌匀即可。

芹菜叶的营养价值非常高，是很好的断乳食材。

芹菜鸡肉粥

材料（宝宝一餐份）
白米粥 75 克，芹菜叶 10 克，鸡胸肉 20 克

小叮咛 ·····
芹菜是高纤维食物，而芹菜叶的营养成分更是远远高于芹菜茎，其胡萝卜素、维生素 B_1、C、蛋白质和钙都非常丰富。

做法

1. 鸡胸肉洗净、氽烫后切碎备用。
2. 芹菜叶洗净，切碎。
3. 加热白米粥，放入鸡胸肉和芹菜叶煮熟即完成。

油菜心含碘量及氟元素很高，有利于宝宝牙齿及骨骼的生长发育。

排骨炖油菜心

材料（宝宝一餐份）
排骨 50 克，油菜心 30 克，葱 1 根，盐适量

小叮咛 ·····
油菜心含钾量高，有利于促进排尿、维持水平衡，对宝宝体内的新陈代谢有很大助益。

做法

1. 葱洗净后，一半切成葱段，一半切成葱丝。
2. 排骨洗净、剁块，与葱段一起放入清水炖汤。
3. 将油菜心去皮、切块。
4. 待排骨煮软，再把切好的油菜心放进汤里，续煮至其软烂。
5. 加盐，撒上葱丝即可。

牛肉要挑选无味、鲜红色的瘦肉部分较佳。

牛肉海带汤

材料（宝宝一餐份）
白米饭 30 克，牛肉 20 克，海带 15 克，高汤适量，芝麻油少许

做法
1 牛肉切碎；海带洗净，切碎备用。
2 锅中放入芝麻油，将碎牛肉略炒一下，再放入海带拌炒。
3 待锅中食材煮熟后，再放入白米饭和高汤稍煮一下即可。

小叮咛
牛肉含有丰富的蛋白质，能提高免疫力，对宝宝生长发育特别有益。

鳕鱼增添了紫米稀饭的风味。

鳕鱼紫米稀饭

材料（宝宝一餐份）
白米饭 20 克，紫米粥 15 克，鳕鱼 20 克

做法
1 鳕鱼洗净、汆烫后，去除鱼刺、鱼皮，再切碎备用。
2 白米饭加水、紫米粥一起熬煮成粥。
3 最后把鳕鱼碎放进稀饭里搅拌均匀，稍煮一下即可。

小叮咛
鳕鱼相较比目鱼脂肪含量更低，蛋白质含量较高，且肉质柔嫩、入口即化，是断乳食的首选食材之一。

火腿为腌制物，为避免宝宝吸收过多钠，用作断乳食时需先以开水汆烫。

火腿莲藕粥

材料（宝宝一餐份）
白米粥 75 克，莲藕 20 克，火腿 20 克，高汤 50 毫升

做法
1 莲藕洗净、去皮，再切细碎；火腿切丁，汆烫备用。
2 锅中放入白米粥、高汤、莲藕和火腿，用大火煮滚，再转中火续煮至食材软烂即可。

小叮咛
莲藕含有很高的糖类、淀粉、蛋白质、维生素 C 和 B_1 以及钙、磷、铁等。

添加鸡蛋的美味，宝宝吃得更开心。

牛肉土豆炒饭

材料（宝宝一餐份）

白米饭 20 克，牛肉 20 克，土豆 20 克，鸡蛋半个，食用油少许

做法

1. 牛肉剁碎；鸡蛋打散，煎成蛋皮，再切碎。

2. 土豆去皮，切小丁备用。

3. 热油锅，将碎牛肉放进去炒，牛肉熟后，再放入土豆拌炒。

4. 最后再放入白米饭，拌匀后放进煎蛋，一起拌炒即可。

小叮咛

牛肉含有丰富的铁质，可预防缺铁性贫血；蛋白质、糖类因容易被人体吸收，非常有益宝宝的生长发育。

牛蒡、鸡肉都是宝宝喜爱的食材。

牛蒡鸡肉饭

材料（宝宝一餐份）

白米粥 75 克，鸡胸肉 15 克，牛蒡 15 克

做法

1. 鸡胸肉切去薄膜、筋和脂肪，切小丁。

2. 牛蒡削皮后切碎，汆烫。

3. 在炒锅里倒入米粥、切碎的鸡肉和牛蒡，炒一下。

4. 再用小火煨煮，直至粥汁收干即可。

小叮咛

牛蒡用醋煮过后再清洗，不但能防止变色，还能赶走涩味及不易消化的成分。

牡蛎稀饭加入白菜、萝卜一起熬煮，味道更加鲜甜了。

白菜牡蛎稀饭

材料（宝宝一餐份）

白米饭 30 克，牡蛎 20 克，白菜 10 克，萝卜 10 克，海带高汤适量

小叮咛

牡蛎来自大海，含有丰富的蛋白质、维生素以及钙、铁等矿物质，能帮助消化。

做法

1 牡蛎在盐水中洗净，汆烫后剁碎。

2 白菜洗净，切碎；萝卜去皮，切成小丁状。

3 白米饭放入海带高汤中熬煮成米粥，然后放入牡蛎、白菜和萝卜，继续熬煮一会即可。

菌菇类遇水后会立刻变软，新鲜度迅速下降，建议清洗后立刻食用。

秀珍菇粥

材料（宝宝一餐份）

白米粥 75 克，秀珍菇 20 克

小叮咛

秀珍菇具有抗病毒的效果，还含有大量纤维质，经常食用能提高宝宝免疫力。

做法

1 秀珍菇洗净后，切小丁备用。

2 白米粥加热，放入秀珍菇用大火煮沸即可。

莲子增加了粥品的口感，并让宝宝获得不同的咀嚼经验。

秀珍菇莲子粥

材料（宝宝一餐份）

白米粥 75 克，秀珍菇 1 个，莲子 10 颗

小叮咛

莲心虽是很好的中药材，但带有苦味，不适合宝宝食用，因此要先去除莲心，才能烹煮给宝宝食用。

做法

1 莲子洗净、去心、蒸熟后，压成莲子泥备用。

2 秀珍菇洗净、汆烫后，切碎。

3 加热白米粥，放入秀珍菇碎、莲子泥一起熬煮即可。

用牛肉做成的各种断乳食，可以让胃口差的宝宝增加食欲。

豆腐牛肉粥

材料（宝宝一餐份）

白米饭 20 克，豆腐 20 克，碎牛肉 15 克

小叮咛

黄豆含有优质氨基酸以及各类矿物质，做成豆腐后，营养容易被宝宝消化吸收。

做法

1 豆腐切碎备用。

2 起水锅，放入碎牛肉一起煮沸，再放入白米饭，用中火熬煮。

3 待米粒膨胀后，加入豆腐以小火边煮边搅拌，煮熟后，关火闷 5 分钟即可。

松茸以新鲜的为佳，越新鲜香味越浓，对人体也越有益。

松茸鸡汤饭

材料（宝宝一餐份）

白米饭 20 克，鸡高汤 120 毫升，鸡胸肉 15 克，松茸 15 克

小叮咛

松茸具有提高身体免疫力、促进细胞增殖等作用，其多糖含量更是菌类之首。

做法

1 鸡胸肉去皮、洗净，煮熟后剁碎，备用。

2 松茸洗净，用开水焯烫后，剁碎备用。

3 锅中放入鸡高汤和米饭、鸡肉末和松茸末，熬煮熟烂即可。

吃黄豆容易胀气，肠胃功能较差的宝宝不宜多食。

法式牛奶吐司

材料（宝宝一餐份）

吐司 1 片，鸡蛋 1/3 个，牛奶 15 毫升，黄豆粉 5 克，食用油 5 毫升，香蕉 25 克

小叮咛

鸡蛋营养成分极高，尤以蛋白质为最，堪称最佳的天然食物。

做法

1 将吐司去边，只取中间部分，再切成四小片。

2 将鸡蛋打散后，加入牛奶拌匀，再放入部分黄豆粉拌匀，将吐司浸泡放入一下。

3 起油锅，将吐司煎至两面金黄，放上香蕉、剩余黄豆粉即可。

料理洋葱前先泡水，可减少眼睛所受到的刺激。

洋葱玉米片粥

材料（宝宝一餐份）

玉米片 45 克，洋葱 10 克，高汤 60 毫升，配方奶粉 45 克

做法

1 将洋葱洗净、去皮，切碎；奶粉加水调成牛奶。

2 锅中加入高汤，放入洋葱末、玉米片及牛奶，用小火熬煮，均匀搅拌即可。

小叮咛

洋葱可以帮助杀菌、增强免疫力及促进肠胃蠕动，是很棒的食材。

甜蜜的香蕉蛋卷很适合作为宝宝的午后点心。

香蕉蛋卷

材料（宝宝一餐份）

香蕉 40 克，蛋黄 1 个，芝士粉 5 克，面粉 5 克，奶油 5 克，蜂蜜 5 克，巧克力酱 5 克，食用油 5 毫升

做法

1 将蛋黄、芝士粉、面粉、奶油和适量水搅拌成面糊，放入油锅中煎成蛋饼。

2 香蕉去皮、切薄片后，放入蛋饼中卷起来，再淋上蜂蜜、巧克力酱即可。

小叮咛

香蕉几乎含有所有维生素和矿物质，宝宝从中可以轻易摄取到各种营养素。

核桃的营养价值高，有益于宝宝神经系统的生长。

核桃萝卜稀饭

材料（宝宝一餐份）

白米饭 30 克，萝卜 10 克，西蓝花 10 克，核桃 1 个，高汤适量

小叮咛

核桃富含膳食纤维，可以帮助宝宝补充营养，并增强肠胃功能。

做法

1 将萝卜洗净、去皮、蒸熟后，磨成泥；西蓝花洗净后汆烫，取花朵部分切碎。

2 在锅中放入萝卜泥和西蓝花碎，加入高汤熬煮片刻。

3 最后倒入米饭搅拌均匀，再加入切碎的核桃即可。

儿童芝士含有少量盐分，与其做成宝宝点心，倒不如做成菜肴。

芝士糯米粥

材料（宝宝一餐份）

糯米粥 75 克，儿童芝士半片，黄豆芽 10 克

小叮咛

糯米热量高，停留在肠子的时间较长，宝宝较有饱足感。

做法

1 黄豆芽洗净后，在冷水里浸泡 10 分钟，并切小段。

2 加热糯米粥，放入黄豆芽和芝士，边煮边搅拌，等芝士溶化即可。

蛋黄富含成长必需的氨基酸，能为成长期的宝宝，提供能量。

包菜鸡蛋汤

材料（宝宝一餐份）

包菜 30 克，蛋黄 1 个

小叮咛

包菜营养价值高，还可促进宝宝肠胃的新陈代谢。

做法

1 包菜洗净，切碎。

2 将包菜放入打散的蛋黄中，均匀搅拌。

3 锅里倒入水，煮开后放入拌好的食材，边煮边搅拌即可。

包含燕麦在内的谷类含磷都偏高，肾脏功能出问题的宝宝应注意分量。

燕麦秀珍菇粥

材料（宝宝一餐份）

白米粥 75 克，燕麦片 8 克，秀珍菇 1 个

做法

1 秀珍菇清洗后，焯烫一下，再切碎备用。

2 白米粥加入秀珍菇、燕麦片，搅拌均匀即可。

小叮咛

燕麦含有丰富的蛋白质、脂肪、钙、磷、铁及 B 族维生素等。

鸡肉具备优质蛋白质，口感鲜嫩细滑，十分清爽。

鸡肉土豆糯米粥

材料（宝宝一餐份）

糯米粥 75 克，鸡肉 20 克，土豆 50 克

做法

1 鸡肉洗净、氽烫后捞出，切小丁。

2 土豆去皮、蒸熟，捣碎备用。

3 糯米粥加热，放入土豆、鸡肉用小火搅拌熬煮，沸腾后即完成。

小叮咛

鸡肉适合多种烹调方法，很适宜作为宝宝的断乳食材。

鸡肉富含蛋白质，可经常做给宝宝吃。

鸡肉意大利炖饭

材料（宝宝一餐份）
白米饭 30 克，鸡胸肉 10 克，土豆 10 克，配方奶 50 毫升

小叮咛
制作副食品时，刀和砧板应该依食材不同而有所差异。

做法

1 鸡胸肉洗净后，煮熟、剁碎；土豆蒸熟后，去皮、压碎备用。

2 在锅里放入米饭和水，用大火煮开后，改用小火边煮边搅拌。

3 待锅中粥水所剩无几时，倒入配方奶，均匀搅拌后关火。

4 在耐热容器里，依序放入米饭、鸡胸肉、土豆，再放进微波炉微波 2 分钟即可。

身体有旧伤，常感酸痛的宝宝应避免食用糯米。

糯香鸡肉粥

材料（宝宝一餐份）
糯米粥 60 克，鸡腿 20 克，香菇 1 朵，土豆 20 克

小叮咛
鸡肉含有丰富的蛋白质、维生素和各种矿物质，非常适合宝宝食用。

做法

1 锅中加水，放入鸡腿煮至软烂，捞出后撕下鸡腿肉剁碎，鸡汤备用。

2 香菇去蒂后切碎；土豆切碎。

3 锅中放入糯米粥、土豆、香菇和鸡汤，熬煮成粥。

4 粥煮好后，放入切碎的鸡肉拌匀即可。

嫩豆腐最好是放在筛子里，在水中浸泡片刻，再取出、沥干，较不易碎裂。

苹果牛肉豆腐

材料（宝宝一餐份）
嫩豆腐 80 克，苹果 25 克，牛绞肉 10 克，食用油少许

小叮咛
苹果营养价值极高，能够保护成长期宝宝的视力和促进发育。

做法

1 嫩豆腐放在筛子上沥干后，切小块；苹果削皮后，切小丁。

2 取一锅，放入牛绞肉拌炒，再放入嫩豆腐、苹果和少量水一起烹煮。

3 煮沸后转小火焖煮，待汤汁所剩无几时即可。

鳕鱼保鲜期非常短，购买时要注意其新鲜程度。

鳕鱼包菜汤饭

材料（宝宝一餐份）

白米饭 60 克，鳕鱼肉 15 克，土豆 15 克，包菜 15 克，蛋黄 1 个，高汤 400 毫升

小叮咛

鳕鱼的分解速度很快，所以必须特别注意其保存期限。

做法

1 鳕鱼洗净后，去除鱼皮、鱼刺，取出鱼肉部分剁碎。

2 土豆去皮、蒸熟后，切成小丁状；包菜选取嫩叶部分切成丁状。

3 取一锅，放进鳕鱼肉、土豆拌炒，再放入高汤、白米饭和包菜煮至熟软。

4 蛋黄打散，放进锅里一起煮熟即可。

发菜钙质含量极高，相比其他食物较为罕见。

牛蒡发菜稀饭

材料（宝宝一餐份）

白米粥 75 克，牛蒡 15 克，发菜 5 克

小叮咛

芝麻中的蛋黄素是填补脑髓的营养素；其维生素 E 含量也非常丰富，对宝宝极好。

做法

1 发菜搓洗干净，切碎；牛蒡洗净、去皮，切碎后泡在冷开水中以去除涩味。

2 在锅里倒入适量水、牛蒡末稍煮片刻，再加入白米粥，最后将发菜放入稀饭中继续熬煮片刻即可。

温热的豆浆可升高体温，适合在寒冬里给宝宝饮用。

豆浆芝麻鱼肉粥

材料（宝宝一餐份）

白米粥 75 克，鳕鱼肉 30 克，芝麻 15 克，豆浆适量

小叮咛

豆浆属黄豆制品，所含卵磷脂能提高脑部功能，并且非常好吸收，是不错的断乳食材之一。

做法

1 将鳕鱼肉放入锅中，加适量水煮熟，捞出鱼肉，挑净鱼刺后磨成鱼肉泥。

2 芝麻用研钵捣碎备用。

3 将白米粥和豆浆放入锅中，加入捣碎的芝麻、鱼肉泥一起熬煮成粥即完成。

松子烤后会散发自然香味，熬粥更美味。

松子银耳粥

材料（宝宝一餐份）
白米粥 75 克，松子 10 克，银耳 10 克，海带高汤 100 毫升

小叮咛
松子富含七成的油脂，而且多为人体无法自行合成的不饱和脂肪酸，有益宝宝生长发育。

做法
1 将松子干煎后磨碎；将银耳洗净后，泡水、切小片。
2 加热白米粥与海带高汤，放入银耳与松子，熬煮一下即可。

茄子清洗后，最好立刻料理，以免营养流失。

茄子豆腐粥

材料（宝宝一餐份）
白米饭 30 克，茄子 15 克，豆腐 40 克

小叮咛
让宝宝食用豆腐时，可以同时补充营养和水分。

做法
1 豆腐捣碎备用。
2 茄子洗净、去皮后，焯烫、捣碎备用。
3 锅里放入水、米饭熬煮成粥，再加入豆腐、茄子熬煮片刻即可。

包菜的纤维较粗，肠胃消化功能较差的宝宝不宜多食。

虾仁包菜饭

材料（宝宝一餐份）
白米粥 75 克，虾仁 5 个，包菜叶 4 片，黑芝麻少许

小叮咛
包菜含有丰富的膳食纤维，可以促进宝宝消化及排便。

做法
1 取一锅，放入黑芝麻，干煎至香气传出，盛盘备用。
2 利用原锅，加入白米粥与少许水、虾仁、包菜叶一起熬煮至沸腾。
3 待米粥沸腾后，撒上黑芝麻即可。

虾拥有极高的营养素，且热量低，对宝宝的身体不会造成负担。

鲜虾·花菜

材料（宝宝一餐份）

花菜 40 克，鲜虾 10 克，海带高汤适量

做法

1 花菜洗净后，放入沸水煮软，切碎。

2 虾洗净后，去除沙线、虾头，再放入沸水中煮熟，剥壳、切碎。

3 将虾仁、花菜和海带高汤一起熬煮，搅拌均匀即可。

小叮咛

花菜营养丰富，含水量高，还能提高免疫功能，对宝宝有很大的益处。

鸡蛋拥有极高的营养价值，又极为容易取得。

水果蛋卷

材料（宝宝一餐份）

土豆 50 克，西红柿 20 克，苹果 25 克，香蕉 20 克，鸡蛋 1 个，奶粉 15 克，食用油 5 毫升

做法

1 土豆去皮后，切丁、煮熟；西红柿、苹果、香蕉去皮后切丁；奶粉加水冲泡。

2 鸡蛋打散，与冲泡好的奶水混合，倒入热油锅中，煎成蛋包。

3 再将土豆、西红柿、苹果和香蕉放入蛋皮中，包覆起来切成小卷即可。

小叮咛

鸡蛋能够为宝宝补充充足的能量，吸收率又高，有利于宝宝头脑的发育。

苹果含有丰富营养素，可预防感冒，还能帮助消化。

水果煎饼

材料（宝宝一餐份）

土豆 20 克，西红柿 15 克，苹果 25 克，香蕉 20 克，鸡蛋 1 个，配方奶 15 毫升，食用油 5 毫升，面粉 20 克

做法

1 将土豆去皮后，切丁、煮熟。

2 西红柿、苹果、香蕉各自去皮后，切丁。

3 鸡蛋打散，加入配方奶、面粉、土豆、西红柿、苹果、香蕉均匀混合，倒入已热好的油锅中，煎成饼即可。

小叮咛

香蕉富含钾离子。

宝宝若是消化功能较弱，料理时可多加一点水，熬煮软烂些。

茄子稀饭

材料（宝宝一餐份）

米饭 75 克，茄子 20 克，西红柿 50 克，土豆泥 10 克，肉末 5 克，食用油少许，蒜末少许，海带高汤 60 毫升

做法

1 将茄子洗净，切碎；西红柿洗净后，焯烫、去皮、切成丁；肉末与土豆泥拌匀备用。

2 起油锅，下肉末土豆泥炒散，加入茄子末、蒜末以及西红柿丁、米饭和高汤熬煮片刻即可。

小叮咛

茄子营养价值很高。

为宝宝准备断乳食，应特别注重营养的均衡摄取。

五彩煎蛋

材料（宝宝一餐份）

鸡蛋 1 个，菠菜 1 棵，土豆泥 10 克，西红柿 100 克，洋葱末 10 克，牛奶少许，食用油少许

做法

1 西红柿洗净后，用滚水焯烫、去皮，再切碎；菠菜洗净后，焯烫一下后切碎。

2 鸡蛋打散，加牛奶拌匀。

3 起油锅，放入土豆泥、菠菜末、西红柿末和洋葱末一起炒香，最后加入鸡蛋液煎熟即可。

小叮咛

西红柿经过油炒，能够释出茄红素。

红苋菜营养成分很高，极为适合宝宝食用。

红苋菜红薯糊

材料（宝宝一餐份）

红薯 40 克，红苋菜 10 克，牛奶 100 毫升

做法

1 红薯煮至熟透，趁热用汤匙压成红薯泥。

2 红苋菜洗净，切碎。

3 小锅中放入红薯泥、牛奶搅拌均匀，再加入红苋菜煮沸即可。

小叮咛

红苋菜含有蛋白质、糖类、铁、钙、维生素 C 和磷等丰富营养素，对宝宝的成长发育非常有益。

南瓜生长快速、产量高，是非常容易取得的高营养食材。

牛肉松子粥

材料（宝宝一餐份）

泡好的白米 15 克，牛肉 20 克，南瓜 15 克，胡萝卜 8 克，松子粉 5 克，芝麻油少许，芝麻少许，盐少许

做法

1 白米磨碎；牛肉剁碎备用。

2 南瓜清洗后剁碎；胡萝卜去皮，剁碎。

3 锅中放入芝麻油、牛肉翻炒一下，再加入南瓜、胡萝卜略炒，放入白米及高汤熬煮成粥。

4 最后加入松子粉和少许芝麻油、芝麻及盐拌匀即可。

小叮咛

正在发育的宝宝应该多吃含有丰富蛋白质与铁质的牛肉，对成长有益。

甜椒所含维生素 C 不耐高温，建议料理时，最后加入烹煮。

甜椒蔬菜饭

材料（宝宝一餐份）
白米饭 20 克，包菜 10 克，甜椒 5 克

小叮咛
甜椒对体弱的宝宝很有益处，与肉类、海鲜等食品搭配最好。

做法
1 将包菜、甜椒切碎。
2 将米饭放入锅中，和包菜、水一同熬煮，待粥煮开后，改用小火慢煮。
3 熬煮至收汁后，放入甜椒稍煮片刻，再盖上锅盖焖煮片刻即可。

建议购买新鲜的虾，妈咪自己剥壳使用，虾壳还可熬成高汤再利用。

鲜虾·玉米汤

材料（宝宝一餐份）
虾仁 5 个，玉米粒 15 克，西蓝花 2 朵，西红柿碎末 15 克，高汤 75 毫升，食用油适量

小叮咛
虾的营养极为丰富，肉质和鱼肉一样松软，适合给宝宝做断乳食。

做法
1 虾仁洗净、去肠泥，氽烫后捞出、切碎。
2 西蓝花洗净，切碎；玉米粒压碎。
3 热油锅，放入虾仁、西蓝花及玉米粒一起翻炒，再放入西红柿碎末、高汤一起熬煮，食材熟软后即可。

金针菇对营养不良、身体虚弱的宝宝，具备很好的食疗效果。

土鸡汤面

材料（宝宝一餐份）
土鸡肉 30 克，面条 20 克，金针菇 10 克，菠菜 5 克，葱花 2 克，鸡高汤适量

小叮咛
金针菇营养价值高，能有效提高宝宝的免疫力。

做法
1 鸡肉煮熟后撕成丝；面条氽烫后切适口大小。
2 金针菇去根后切细丁；菠菜焯烫后切细丁。
3 锅中倒入鸡高汤煮沸，再放入鸡肉丝、金针菇和菠菜继续熬煮。
4 最后放进烫过的面条和葱花，再次煮沸即可。

大白菜萝卜稀饭可以帮助宝宝消化及排便。

大白菜萝卜稀饭

材料（宝宝一餐份）
白米饭 30 克，大白菜 15 克，萝卜 15 克，鳀鱼高汤适量

小叮咛
萝卜中含有粗纤维，能刺激胃肠蠕动，对宝宝非常有益。

做法
1 大白菜洗净后，再切碎备用。
2 将萝卜洗净、去皮，切小丁。
3 锅中放入水、鳀鱼高汤和米饭熬煮成米粥，再放入大白菜、萝卜稍煮片刻即可。

由于牛肉纤维较粗糙，制作断乳食时要剁成细碎，并去除油脂和筋。

牛肉山药粥

材料（宝宝一餐份）
瘦牛肉 25 克，山药 10 克，燕麦片 20 克，葱适量

小叮咛
牛肉味道鲜美，富含铁、锌，对发育中的宝宝而言，是非常重要的营养来源。

做法
1 牛肉剁成末；山药去皮后，切成细丁；葱洗净，切成末。
2 将牛肉放进锅中，加入适量水，再下燕麦片、山药熬煮 5 分钟左右。
3 待食材完全煮至软烂后，放入葱花即可。

尽量让宝宝品尝食材原味，因此最好少放盐。

豆腐蛋黄泥

材料（宝宝一餐份）
白豆腐 100 克，鸡蛋 1 个，葱末适量

小叮咛
鸡蛋、豆腐都含有丰富的钙，特别适合还不太会咀嚼的宝宝食用。

做法
1 豆腐放入沸水中，焯烫、压泥；鸡蛋水煮后，取出蛋黄磨泥。
2 将豆腐泥、蛋黄泥放进锅中加热、搅拌，再加入葱末搅拌均匀即可。

豆腐买回后，最好立即放入水中浸泡，以防变质。

豆腐蒸蛋

材料（宝宝一餐份）

鸡蛋 1 个，豆腐 100 克，时令蔬菜少许

做法

1 取时令蔬菜少许，洗净、切小丁；豆腐切小丁备用。

2 鸡蛋打散。

3 碗中放入鸡蛋液、蔬菜丁及豆腐搅拌均匀，再放进蒸锅中蒸熟即可。

小叮咛

豆腐是豆类加工食物，含优质蛋白而被美誉为"田地里的牛肉"。

西蓝花常有农药残留及菜虫，烹调时须小心处理。

西蓝花炖饭

材料（宝宝一餐份）

米饭 30 克，西蓝花 15 克，配方奶 200 毫升

做法

1 洗净西蓝花后，焯烫、切丁备用。

2 在锅里放入米饭，倒入水用大火煮开，边煮边搅拌。

3 待粥水收干后，转小火倒入配方奶均匀搅拌，再加入西蓝花煮熟即可。

小叮咛

西蓝花富含维生素 C、矿物质和 β - 胡萝卜素等营养素，可增加宝宝的免疫力。

应该选择新鲜香菇来制作断乳食较好。

秋葵香菇稀饭

材料（宝宝一餐份）
白米饭 20 克，香菇 1
朵，秋葵 1 支

小叮咛
香菇所含的蛋白质有
助于消化，对宝宝很
有好处。

做法

1 秋葵清水洗净后，去除
两端、切碎。

2 香菇去蒂、洗净后，取
伞状部分切碎。

3 起水锅，煮至沸腾后，
加入米饭、香菇及秋葵
一起熬煮。

4 待米饭变成稀饭，食材
软烂后即可。

嫩豆腐非常容易变质，要注意保存。

菠菜嫩豆腐稀饭

材料（宝宝一餐份）
白米粥 75 克，嫩豆
腐 20 克，菠菜 10 克，
秀珍菇 10 克，黄豆
粉 15 克

小叮咛
豆腐含有丰富的营养
素，如蛋白质、铁、
钙、磷以及镁等。

做法

1 嫩豆腐用流动的水清
洗，沥干水分后捣碎。

2 菠菜、秀珍菇用清水洗
净后，焯烫、切碎。

3 加热白米粥，放入黄豆
粉、嫩豆腐、菠菜和秀
珍菇煮开后即可。

核桃的蛋白质含量比肉类高，可以作为宝宝
补充营养的重要来源之一。

燕麦核桃布丁

材料（宝宝一餐份）
蛋黄 1 个，燕麦 10
克，香瓜 30 克，核
桃 5 克，配方奶 100
毫升

小叮咛
核桃营养丰富，不仅
能给皮肤、头发提供
养分，还能促进大脑
活动。

做法

1 燕麦泡水后与适量水、
配方奶一起熬煮。

2 香瓜去皮、去籽后切成
小丁；将核桃磨成粉。

3 在打散的蛋黄里，加入
煮好的燕麦奶，再加入
香瓜拌匀，盛入碗中。

4 再放进蒸锅里蒸熟，撒
上核桃粉即可。

大部分宝宝都很喜欢土豆的细致口感。

金枪鱼土豆粥

材料（宝宝一餐份）

白米粥 75 克，金枪鱼肉 15 克，土豆 20 克，上海青 10 克，蛋黄半个，奶粉水 15 毫升，食用油适量

做法

1 金枪鱼肉蒸熟后，磨碎备用。

2 土豆洗净、去皮后蒸熟，再磨碎；上海青洗净，切碎。

3 热油锅，放入金枪鱼肉、上海青略炒，再放入土豆和白米粥，煮沸后加入蛋黄、奶粉水，搅拌均匀即可。

小叮咛

挑选土豆时，切记要选择表皮光滑、没有长芽的方为上选。

金枪鱼能够提高免疫力，对宝宝而言，是很棒的食材。

金枪鱼饭团

材料（宝宝一餐份）

白米饭 30 克，金枪鱼肉 15 克，土豆 20 克，上海青 15 克，蛋黄半个，配方奶 30 毫升，食用油少许

做法

1 金枪鱼肉蒸熟后，磨碎。

2 土豆煮熟后，去皮、磨碎；上海青焯烫后，切碎。

3 热油锅，放入打散的蛋黄，煎成碎蛋皮，再加入金枪鱼肉、上海青、土豆和白米饭、配方奶拌匀。

4 待汤汁收干后，起锅、放凉，再捏成饭团即可。

小叮咛

选购金枪鱼时，若鱼肉呈现黄褐或黑褐色时，表示鱼肉不够新鲜了。

鸡肉是很好的断乳食材，但宝宝消化系统还没发育健全，最好去皮后再烹煮。

鸡肉洋菇饭

材料（宝宝一餐份）

白米饭 30 克，鸡肉 30 克，洋菇 10 克，上海青 10 克，奶油 2 克，鸡高汤 100 毫升

小叮咛

洋菇热量低，又富含铁质等营养素，其蛋白质极易为人体消化吸收，是营养价值很高的食材。

做法

1 鸡肉洗净后去皮、煮熟，切成 5 毫米大小。

2 洋菇洗净后，切成 5 毫米大小；上海青洗净、焯烫后，切成 5 毫米大小。

3 热锅中加入奶油，先炒鸡肉，再放洋菇继续炒。

4 在小锅中放入米饭、鸡高汤，倒入炒好的鸡肉、洋菇熬煮一下。

5 最后放入烫好的上海青，稍煮片刻即可。

应避免使用有裂痕的鸡蛋，以免给宝宝的身体造成负担。

鸡肉蛋包饭

材料（宝宝一餐份）

白米饭 30 克，鸡胸肉 30 克，菠菜 10 克，洋葱 10 克，原味芝士 1/2 片，奶粉 30 克，蛋黄 1 个，食用油 5 毫升，芝麻油少许，盐少许

小叮咛

鸡蛋中的卵磷脂可促进肝细胞再生。

做法

1 鸡胸肉剁成馅，加入芝麻油、盐拌匀后，腌渍一会。

2 菠菜洗净、氽焯烫后，剁碎；芝士剁碎备用。

3 菠菜、洋葱用油略炒，加入鸡肉、米饭一起拌炒，再放入芝士拌匀，即成炒饭。

4 蛋黄里加入奶粉，煎成鸡蛋饼，包入炒饭即可。

海鲜食材加入洋葱、葱一起烹煮，可以有效去除腥味。

鸡丝汤饭

材料（宝宝一餐份）

白米饭 30 克，鸡肉 15 克，豆腐 15 克，虾仁 10 克，西蓝花 10 克，洋葱 5 克，太白粉水 5 毫升，鸡肉高汤适量

小叮咛

鸡肉营养丰富，可促进宝宝的脑部发育。

做法

1 把煮好的鸡肉撕成小碎丝；烫好的虾仁切碎。

2 豆腐先用冷水泡 10 分钟，切成 1 厘米丁状；西蓝花焯烫后，切成 5 毫米大小；洋葱去皮，剁碎。

3 鸡肉高汤中放入所有食材熬煮熟烂，最后加入太白粉水勾薄芡即可。

白菜含有丰富的维生素 C、纤维质，可以改善宝宝的便秘。

牛肉白菜粥

材料（宝宝一餐份）
白米粥 75 克，牛肉 10 克，虾肉 10 克，白菜 10 克，萝卜 5 克，海带高汤 150 毫升

小叮咛
白菜味道清甜，含水量高，搭配肉类或海鲜一起烹煮，便是一道营养的断乳食。

做法
1 牛肉汆烫后，去除牛筋并切碎。
2 虾肉汆烫后切小丁。
3 白菜洗净，切碎；萝卜去皮，切小丁。
4 加热米粥，倒入海带高汤，放入萝卜煮软，再加入牛肉、虾肉和白菜，盖上锅盖熬煮至食材熟软即可。

若是宝宝吞咽能力不佳，白菜心可焯烫过后再切碎。

鲷鱼白菜稀饭

材料（宝宝一餐份）
白米饭 30 克，鲷鱼 20 克，白菜心 15 克，萝卜 10 克，洋葱 10 克，食用油少许，海带汤适量

小叮咛
鲷鱼在春天最好吃，不仅白嫩、味道纯正，而且鱼肉对宝宝无刺激性。

做法
1 鲷鱼蒸熟后，去除鱼刺、鱼皮，切成小块。
2 将白菜心洗净、切细碎；萝卜洗净、去皮，切小丁；洋葱洗净，切小丁。
3 热油锅，放入白菜心、萝卜、洋葱拌炒片刻，再放入白米饭、鲷鱼和海带汤稍煮即可。

烹调菠菜的时间不宜过长，因为维生素 C 遇热容易氧化。

什锦面线汤

材料（宝宝一餐份）
菠菜 3 棵，鸡胸肉 15 克，面线适量，海带汤适量

小叮咛
菠菜不宜与黄瓜同食，因为黄瓜中含有维生素 C 分解酶，会破坏掉菠菜里的维生素 C。

做法
1 将鸡胸肉汆烫、放凉后，切成小碎块。
2 菠菜焯烫后，捞出、沥干水分，再切碎备用。
3 海带汤倒入锅中煮滚后，加入鸡胸肉、面线一起熬煮。
4 起锅前，放入菠菜煮熟即可。

香菇能增强宝宝的免疫功能，是很不错的断乳食材。

香菇蔬菜面

材料（宝宝一餐份）

鸡蛋面条 50 克，菠菜 20 克，香菇 5 克，木耳 5 克，鸡肉高汤 100 毫升

做法

1 将鸡蛋面条切成小段；菠菜用开水焯烫后，沥干、剁碎;香菇洗净后，去蒂头、切碎;木耳洗净，剁碎。

2 在锅中加入鸡肉高汤，煮沸后放入鸡蛋面条、木耳以及香菇，再转小火焖煮至烂，最后加入菠菜即可。

小叮咛 ....

香菇由于蕴含多糖体，可以提高宝宝体内细胞的活力，进而增强人体免疫功能。宝宝在断乳初期可以将面条煮烂一点，等到断乳后期，便可以尝试稍微有口感一点的面条来引发宝宝的食欲，并且训练他的咀嚼及吞咽功能。

豆腐不仅含有丰富的蛋白质，而且含有钙，适宜作为副食品。

芝士风味煎豆腐

材料（宝宝一餐份）

嫩豆腐 70 克，食用油 5 毫升，原味芝士 1 片，柠檬汁 15 克，橘子汁 30 克，鸡蛋 1 个，面粉适量

做法

1 鸡蛋打散；豆腐切片后，沾上鸡蛋液，裹上面粉，放进热油锅中煎熟。

2 将芝士和柠檬汁、橘子汁一起加热，搅拌均匀。

3 将煎熟的豆腐放入碗中，淋上煮熟的芝士酱汁即可。

小叮咛

没用完的豆腐可放在容器中，加入冷水，覆盖过豆腐，再放入冰箱冷藏。芝士营养成分高，其中蛋白质甚至比鱼类的蛋白质更佳，容易分解吸收，非常适合宝宝食用。

菜豆要挑选容易折断、长短均匀以及色泽新鲜的。

海带菜豆粥

材料（宝宝一餐份）

白米粥 75 克，菜豆 15 克，
海带粉 5 克

做法

1 菜豆煮熟，剁碎备用。

2 在锅中倒入白米粥和剁碎的菜豆煮沸，再放入海带粉拌匀，沸腾后即可。

小叮咛

菜豆营养价值高，包含蛋白质、脂肪、钙、铁、维生素 B_1 以及维生素 C 等。

黄瓜具有清热、活化体内水分代谢的功效。

芝麻黄瓜粥

材料（宝宝一餐份）

白米粥 75 克，黑芝麻 8 克，黄瓜 15 克

小叮咛

加入黑芝麻后一定要用小火，以免在烹煮过程中不慎烧焦。

做法

1 黄瓜去皮，切碎。

2 黑芝麻磨成粉备用。

3 锅中倒入白米粥和黄瓜稍煮片刻。

4 最后再加入研磨好的黑芝麻粉，边煮边搅拌即完成。

菠菜可促进宝宝的生长发育、使免疫细胞增强、改善及预防贫血。

菠菜鳕鱼粥

材料（宝宝一餐份）

白米饭 30 克，鳕鱼 20 克，菠菜 10 克，芝麻少许

小叮咛

鳕鱼可促进宝宝的脑部发育、减轻发炎症状、使眼睛明亮有神以及改善免疫系统。

做法

1 白米饭先放入锅中，加水熬煮成米粥。

2 鳕鱼蒸熟后，去鱼刺、鱼皮，再切小块。

3 菠菜洗净、焯烫后，沥干水分、切细碎。

4 白米粥中放入鳕鱼、菠菜煮熟，最后放入芝麻拌匀即可。

烹煮牛肉时，建议用焖煮方式来保持原有的维生素及矿物质。

洋葱牛肉汤

材料（宝宝一餐份）

牛肉片 20 克，胡萝卜 20 克，洋葱 20 克，配方奶粉 10 克，奶油少许，蔬菜高汤适量

小叮咛

缺乏蛋白质会导致记忆力下降，而牛肉能补充丰富的蛋白质。

做法

1 将牛肉片煮熟后，切成小片；奶粉加水冲泡。

2 胡萝卜和洋葱洗净、去皮，切小丁。

3 锅中放入奶油，溶化后先炒牛肉，再放入胡萝卜、洋葱、蔬菜高汤以及冲泡好的奶水，煮沸即可。

包菜含膳食纤维，可以促进消化、预防便秘。

包菜通心面汤

材料（宝宝一餐份）

通心面 20 克，包菜叶数片，洋葱 20 克，胡萝卜 20 克，南瓜 20 克，高汤 200 毫升

小叮咛

包菜中的纤维含量非常丰富。

做法

1 锅中加水煮沸，放入通心面煮熟后捞出，沥干水分备用。

2 包菜叶切碎；洋葱、胡萝卜、南瓜切成小丁。

3 锅中加入高汤、各种蔬菜丁，待后者煮熟后，倒入熟通心面，再煮沸一次即可。

建议选择瓜身完整、没有黑点的南瓜为佳。

甜南瓜拌土豆

材料（宝宝一餐份）

甜南瓜 60 克，土豆 50 克，苹果 20 克

小叮咛

甜南瓜中含有丰富的维生素 A 和维生素 C，有益宝宝健康。

做法

1 甜南瓜蒸熟后，去皮、籽，再磨成泥；土豆蒸熟、去皮，再磨成泥。

2 苹果去皮、去果核，磨成泥后放入碗中，加入甜南瓜泥、土豆泥，搅拌均匀即可。

土豆富含维生素 C、糖类、B 族维生素、钾和植物纤维等。

蔬菜土豆饼

材料（宝宝一餐份）

土豆 20 克，南瓜 20 克，胡萝卜 20 克，面粉 15 克，食用油少许

做法

1 土豆洗净、切小块，蒸熟后去皮，用研磨器磨碎。

2 南瓜和胡萝卜洗净、去皮，并切碎。

3 碗中倒入土豆泥、面粉、南瓜末以及胡萝卜末，一起调成面糊。

4 平底锅加热，倒入油热锅，再放入面糊摊成饼，煎至两面金黄即可。

小叮咛

土豆煮熟后口感软绵，宝宝方便入口，是使用较多的断乳食材之一。

胡萝卜经过研磨、煮熟后，口感变得细腻，适合宝宝食用。

虾仁胡萝卜泡饭

材料（宝宝一餐份）

白米粥 75 克，胡萝卜 15 克，洋葱 10 克，虾仁 4 个，芝麻油少许

做法

1 虾仁用盐水洗净后，去肠泥、剁碎。

2 胡萝卜、洋葱去皮后，切成细末备用。

3 锅里放入芝麻油烧热，加入洋葱、胡萝卜略炒一下，再放入虾仁、白米粥烹煮一会即可。

小叮咛

胡萝卜含有丰富维生素 A、维生素 C、钙、铁以及磷等，尤其是维生素 A 的含量，几乎与动物肝脏的含量相等。

鸡胸肉柔嫩、脂肪少，最适合宝宝食用。

鸡肉炒饭

材料（宝宝一餐份）
白饭 30 克，鸡胸肉 20 克，洋葱 5 克，胡萝卜 5 克，鲜香菇 1 朵，奶油少许

小叮咛
鸡肉含有丰富的蛋白质、维生素和各种矿物质。

做法

1. 鸡胸肉去掉脂肪和筋，洗净、剁碎备用。
2. 洋葱、胡萝卜、鲜香菇洗净，切碎。
3. 锅中放入奶油温热后，加入鸡肉、洋葱、胡萝卜和香菇一起拌炒。
4. 等鸡肉变色、炒熟后，加入白饭以及少许水拌炒即可。

放入芝士时，最好边煮边搅拌，以免烧焦。

土豆芝士糊

材料（宝宝一餐份）
土豆 80 克，芝士片 1/2 片，胡萝卜 5 克，丝瓜 15 克

小叮咛
土豆富含糖类、B 族维生素、钾等营养素。

做法

1. 土豆削皮、切块，放入蒸锅蒸熟，取出后捣成泥状；胡萝卜、丝瓜切小丁。
2. 起滚水锅，加入胡萝卜、丝瓜煮至软烂。
3. 加入土豆泥、芝士搅拌匀，至芝士融化即可。

土豆对宝宝来说是很好的断乳食材。

土豆粥

材料（宝宝一餐份）
白米粥 75 克，土豆 20 克，胡萝卜 10 克，菠菜 10 克，食用油适量

小叮咛
经过油炒，胡萝卜的营养很好地被释放出来，宝宝能更好地吸收了！

做法

1. 土豆和胡萝卜洗净、去皮后，切成小丁状。
2. 菠菜取叶子部分，煮熟、沥干，并切碎。
3. 平底锅中放入食用油烧热，炒熟土豆和胡萝卜，再加入白米粥、菠菜煮滚即可。

菠菜具备调节胃肠功能、防治口角溃疡、口腔炎等功效。

菠菜南瓜稀饭

材料（宝宝一餐份）

白米粥 75 克，南瓜 20 克，菠菜 10 克，豆芽 10 克，鸡蛋 1 个，芝麻少许，食用油少许

做法

1 南瓜洗净后，去皮、去籽，再切丁；菠菜氽烫后，剁碎备用；芝麻磨成粉。

2 豆芽去掉头尾部分，切碎；鸡蛋取蛋黄部分。

3 在锅中倒入食用油，放入南瓜翻炒一下，再下豆芽、水煨煮片刻。

4 最后加入米粥、菠菜，待南瓜熟软后，加入蛋黄拌匀，盛盘后洒上芝麻即可。

小叮咛

菠菜不仅含有维生素、钙、铁等营养物质，还含有丰富的蛋白质。

牛肉含有丰富的蛋白质，可以提高宝宝的抗病能力。

牛肉饭

材料（宝宝一餐份）

牛肉末 15 克，胡萝卜 10 克，洋葱 20 克，黑芝麻 5 克，米饭 60 克，食用油少许

做法

1 将胡萝卜洗净、去皮，切小丁；洋葱洗净，切小丁备用。

2 热油锅，放入洋葱、牛肉末以及胡萝卜翻炒，待牛肉快熟时，加入米饭一起拌炒，待收汁后即可关火。

3 撒上黑芝麻即可。

小叮咛

牛肉对生长发育的宝宝特别有益，并能提供所需的锌，有强化免疫系统的功能。

黑豆是高蛋白食品，很适合作为宝宝的断乳食材。

洋菇黑豆粥

材料（宝宝一餐份）

白米饭 20 克，黑豆 5 粒，
洋菇 20，南瓜 20 克

小叮咛

黑豆皮含有的天冬素，可以
预防呼吸系统疾病，制作宝
宝断乳食的时候应保留。

做法

1 将洋菇洗净，去蒂、剁碎；南瓜去皮、去籽，切丁。
2 起滚水锅，放入黑豆煮烂，再放进白米饭、水一起熬煮。
3 等米粒膨胀后，加入洋菇和南瓜煮至食材软烂即可。

食材的天然色泽，让断乳食看起来更美味了。

紫茄土豆芝士泥

材料（宝宝一餐份）

土豆 80 克，芝士片
1/2 片，胡萝卜 5 克，
茄子 15 克

小叮咛

茄子富含营养素，加
入到宝宝的断乳食
中，不仅美味升级，
营养也更丰富了。

做法

1 土豆削皮后，切成四小
块，将芝士放在土豆
上，放入蒸锅中蒸熟再
磨泥。
2 胡萝卜洗净，切小丁；
茄子洗净，切小丁。
3 起滚水锅，加入胡萝
卜、茄子一起煮熟，再
放入土豆泥拌匀即可。

豆类食品要切碎料理，以免宝宝噎到。

蔬菜鸡蛋糕

材料（宝宝一餐份）

蛋黄 1 个，香菇 1 朵，
土豆 10 克，胡萝末
10 克，洋葱 10 克，
黄豆粉 5 克，核桃粉
5 克，海带汤 50 毫升

小叮咛

鸡蛋是高蛋白质食
物，营养虽然丰富，
但蛋白可能造成宝宝
消化吸收不良。

做法

1 香菇去蒂，剁碎。
2 土豆去皮、切小丁；胡
萝卜、洋葱各自去皮、
切末。
3 蛋黄打散，加入海带
汤、香菇、土豆、胡萝
卜、洋葱以及黄豆粉一
起搅拌，再放入容器里
蒸熟，最后撒上核桃粉
即可。

牛肉含有丰富的蛋白质和 B 族维生素。

牛肉蔬菜汤

材料（宝宝一餐份）
牛肉 20 克，菠菜 2 棵，胡萝卜 50 克

小叮咛 ······

牛肉味道鲜美、肉质柔嫩，又易于吸收，对正在发育的宝宝来说，是最好的营养来源之一。

做法
1 将牛肉洗净、汆烫去血水，捞出后切丁。
2 菠菜、胡萝卜各自洗净、切小丁。
3 热水煮沸后，放入胡萝卜末和牛肉一起熬煮，待沸腾后，再放入菠菜煮熟即可。

part 4

芋丸也可加糯米粉，做成芋圆。

南瓜芋丸

材料（宝宝一餐份）
南瓜 30 克，芋头 50 克，芹菜少许，食用油少许

小叮咛 ······

南瓜富含多种营养素，其中维生素 E 能帮助各种脑下垂体荷尔蒙的分泌正常，使宝宝维持正常的健康状态。

做法
1 南瓜洗净、去皮、去籽后，蒸熟、磨泥；芹菜洗净，切碎。
2 芋头洗净、去皮后，切块、蒸熟、磨泥，再揉成小丸子，放入油锅炸成芋丸。
3 取小锅，放入水和南瓜泥煮沸，加入芋丸，最后撒上芹菜末即可。

胡萝卜所含的维生素 A，对宝宝眼部的健康非常有益。

胡萝卜酱卷三明治

材料（宝宝一餐份）
吐司 2 片，胡萝卜 100 克，橙汁 100 毫升，柠檬汁 8 毫升，白糖适量

小叮咛 ······

胡萝卜富含多种维生素、钙质、胡萝卜素及食物纤维等有益宝宝健康的成分。

做法
1 胡萝卜去皮蒸熟后磨泥。
2 将胡萝卜泥、橙汁、柠檬汁、白糖混合后加热，边搅拌边用小火煮成胡萝卜酱。
3 吐司去边，只取中间使用，均匀地涂上胡萝卜酱，并卷起来。
4 将吐司卷切小块即可。

175

哈密瓜的甜香让宝宝食指大动。

蔬果吐司蒸蛋

材料（宝宝一餐份）

吐司 1/2 片，哈密瓜 30 克，菠菜 10 克，鸡蛋 1 个，配方奶粉 45 克

做法

1 哈密瓜去皮、去籽后，切成小丁。

2 吐司切成小丁；菠菜洗净，取叶子部分再切碎。

3 将鸡蛋打散，混入配方奶粉中搅拌均匀，再倒入哈密瓜、菠菜和吐司混合后，放进蒸锅蒸熟即可。

小叮咛

哈密瓜含糖类、蛋白质、维生素 C、胡萝卜素、磷、钠等营养成分，吃起来质脆水多，气味香甜，很适合作为宝宝的断乳食。

油菜不宜长时间保存，可用报纸包起来放到冰箱中。

鳕鱼油菜粥

材料（宝宝一餐份）

白米粥 75 克，油菜 10 克，鳕鱼 20 克

做法

1 鳕鱼洗净、汆烫、沥干后，挑除鱼刺和鱼皮，切碎备用。

2 油菜洗净、焯烫后，切碎备用。

3 锅中倒入白米粥，再用中小火煮滚。

4 最后加入鳕鱼末、油菜末边煮边搅拌，沸腾即可。

小叮咛

鳕鱼中含有优质蛋白和钙，能健壮骨骼和身体，有助于宝宝成长。

烹调牛肉时，建议以炒、焖、煎的方式来保持其原有的营养素。

生菜牛肉卷

材料（宝宝一餐份）

生菜叶2片，牛肉50克，鸡蛋1个

做法

1 生菜叶洗净、焯烫、沥干后备用。

2 牛肉洗净后剁泥；鸡蛋打散后，将蛋液抹在生菜叶上。

3 将牛肉泥铺在生菜叶上做成生菜卷，再放入蒸锅中蒸熟。

4 最后取出蒸熟的生菜牛肉卷，切成小段即完成。

小叮咛

牛肉可提供人体所需的锌，强化免疫系统，提升免疫力，还富含蛋白质，对生长发育中的宝宝非常有益。

芥菜含钙量高，可提供宝宝骨骼及牙齿生长足够的钙质。

芥菜蛤蜊味噌粥

材料（宝宝一餐份）

白米饭20克，芥菜30克，蛤蜊肉20克，味噌2克

做法

1 芥菜摘洗干净，切碎。

2 蛤蜊汆烫、捞出沥干后，取出蛤蜊肉切碎，汤汁备用。

3 将白米饭放入汤汁中，边搅拌边用小火熬煮成粥。

4 待米粒软烂后，放入芥菜、蛤蜊肉末和味噌，拌匀、煮沸后即可。

小叮咛

芥菜含有丰富的β-胡萝卜素、维生素、黄体素、叶绿素等物质，其中维生素A和B族维生素可维持宝宝神经肌肉及循环系统的正常功能，并增强免疫力。

胡萝卜尽量蒸熟，不要水煮，才不会流失营养。

豌豆鸡肉稀饭

材料（宝宝一餐份）

白米粥 75 克，鸡胸肉 15
克，豌豆 5 粒，菠菜 10 克，
胡萝卜 10 克，芝麻油 2 毫
升，高汤 100 毫升

做法

1 鸡胸肉切成小块；菠菜切碎；胡萝卜去皮，切小丁；豌
豆对半切。

2 热油锅，放入鸡胸肉、胡萝卜、菠菜和豌豆一起炒熟。

3 最后再倒入白米粥和高汤，煮滚即可。

小叮咛

豌豆不仅味道香甜，而且含
有丰富的营养素。

小白菜可以帮助消化又不刺激，对宝宝来
说很有益。

小·白菜玉米粥

材料（宝宝一餐份）

白米饭 30 克，小白
菜 20 克，玉米粒 20
克，海带高汤适量

小叮咛

玉米是非常营养的蔬
菜，它的氨基酸、粗
纤维及植物性蛋白含
量都很高。

做法

1 小白菜、玉米粒洗净
后，放入滚水中焯
烫，捞出、切碎。

2 小锅中放入海带高汤
煮沸，再放入小白
菜、玉米粒和白米
饭，熬煮片刻即可。

有过敏体质的宝宝，应慎食坚果类食物。

小·白菜核桃粥

材料（宝宝一餐份）

白米粥 75 克，小白
菜 10 克，萝卜 10 克，
胡萝卜 5 克，磨碎的
核桃 15 克

小叮咛

核桃含有宝宝易消化
吸收的优质蛋白、多
种人体无法自行合成
的必需氨基酸以及维
生素等。

做法

1 将小白菜洗净、切碎；
胡萝卜、萝卜分别去
皮、切碎。

2 将胡萝卜、萝卜、小白
菜、核桃放进熬煮好的
米粥中，煮熟即可。

part
4

大部分宝宝都很喜欢芝士的浓郁味道，但最好不要过量。

豆皮芝士饭

食用油 5 毫升，白米饭 150 克，油炸豆皮 3 片，菠菜 20 克，胡萝卜 10 克，原味芝士 1 片

小叮咛

豆皮的质地绵密均匀，味道鲜美且营养丰富。

做法

1 油炸豆皮焯烫后，切碎；芝士切小丁备用。

2 菠菜快速焯烫后，切成小段；胡萝卜洗净后，去皮、切小丁、焯烫。

3 热油锅，放入豆皮、胡萝卜和菠菜翻炒一下。

4 把白米饭和水放入一起熬煮，待食材煮熟后，放入碎芝士拌匀即可。

牛肉在料理时最好切碎，以免宝宝噎到。

牛肉茄子稀饭

材料（宝宝一餐份）
白米饭 30 克，牛肉 10 克，茄子 10 克，胡萝卜 10 克，洋葱 5 克，葱花少许，芝麻油少许，芝麻少许，高汤适量

小叮咛

茄子有降温作用，适合宝宝食用。

做法

1 茄子、胡萝卜及洋葱洗净后，去皮、切碎。

2 牛肉洗净，切碎。

3 锅中加芝麻油热锅，炒香洋葱，再放入牛肉、茄子、胡萝卜拌炒。

4 放入高汤、葱花、白米饭熬煮熟软，撒上芝麻即可。

香菇不仅味道鲜美，还能增强宝宝的免疫力。

牛肉蘑菇营养粥

材料（宝宝一餐份）
牛肉 20 克，白米粥 75 克，海带 1 小段，大白菜叶 1 片，蘑菇 1 个，胡萝卜 10 克，食用油适量

小叮咛

牛肉营养容易吸收，可多用来做断乳食。

做法

1 海带擦去盐渍，用水泡 30 分钟后，捞出、切小丁，留汤备用。

2 牛肉洗净，切成末；蘑菇、大白菜叶各自洗净、切小丁；胡萝卜去皮、切小丁。

3 热油锅，将牛肉炒熟，加其他食材熬煮即可。

缤纷的颜色，深深吸引宝宝目光。

胡萝卜发糕

材料（宝宝一餐份）

胡萝卜 20 克，葡萄干 2 克，配方奶 30 克，蛋 1/4 个，面粉 50 克，酵母粉 2 克，青豆少许

做法

1 胡萝卜切小丁，煮软；葡萄干泡开，切碎；青豆洗净后，压碎、去皮。

2 将配方奶、水、蛋混合后，放入面粉、酵母粉搅拌，再将胡萝卜、葡萄干和青豆放入拌匀。

3 拌好的食材放入铝箔制模具里，用大火蒸 15 分钟即可。

小叮咛

胡萝卜所含的木质素，可以提高宝宝的免疫力。

黑豆在料理前应先用水泡开，以免久煮不烂。

黑豆胡萝卜饭

材料（宝宝一餐份）

白米饭 30 克，胡萝卜 10 克，泡开的黑豆 5 克，豌豆 5 克

做法

1 泡开的黑豆，用开水煮过一次后，再用冷水清洗，重新煮熟、切碎。

2 煮熟豌豆并去皮，切碎；胡萝卜洗净后，去皮、切碎。

3 在锅中放入白米饭、黑豆、豌豆、胡萝卜和水煮开后，再改小火边煮边搅拌。

4 待粥煮熟后，关火、盖上锅盖，闷 5 分钟即可。

小叮咛

黑豆含有丰富的食物纤维，可改善宝宝便秘的情况。

黑芝麻营养极高，可适量用于宝宝饮食中。

黑芝麻拌饭

材料（宝宝一餐份）
白米饭 30 克，南瓜 20 克，菠菜 15 克，豌豆 5 克，黑芝麻 2 克

小叮咛
黑芝麻中的卵磷脂很多，能促进宝宝体内的新陈代谢。

做法
1 南瓜去皮、去籽，切小丁备用。
2 菠菜洗净后，快速焯烫、磨碎；豌豆焯烫后，去皮、磨碎。
3 黑芝麻磨成粉状备用。
4 锅中放水，加入南瓜、菠菜、豌豆熬煮片刻，再放入黑芝麻粉、白米饭煮至熟软即可。

用来制作断乳食的鸡肉，必须慎选脂肪较少的部位。

鸡肉红薯蒸蛋

材料（宝宝一餐份）
鸡蛋 1 个，海带汤 100 毫升，鸡肉 30 克，红薯 30 克

小叮咛
鸡肉对营养不良、身体虚弱的宝宝来说，是非常适合的食材。

做法
1 锅中加 100 毫升水，放入长约 5 厘米的海带段，熬煮 30 分钟后，捞出海带、取清汤放凉。
2 将鸡蛋打入海带汤中，拌匀后备用。
3 鸡肉剁碎，红薯洗净去皮后切成小方丁；将两者倒入调好的鸡蛋海带汤，放入蒸锅蒸 15 分钟即可。

西红柿的营养价值高，滋味酸甜，很获宝宝喜爱。

鸡肉番茄酱面

材料（宝宝一餐份）
西红柿 1 个，鸡肉 30 克，芥菜 15 克，面条 30 克

小叮咛
西红柿富含茄红素、类胡萝卜素、维生素 A 及维生素 C 等，可保护宝宝的眼睛、增进食欲及帮助消化。

做法
1 面条用水煮熟后切小段；芥菜洗净，切末。
2 将西红柿用开水焯烫后，去皮、去籽，压碎成泥状。
3 鸡肉洗净、汆烫后，放入西红柿泥和水熬煮成鸡肉番茄酱，加入芥菜稍煮，最后将其淋在面条上即可。

part 5

宝宝的
一周彩虹菜单

还在烦恼不知该如何安排宝宝的断乳食菜单吗？本单元以"每日一蔬果"的观念为宝宝安排不同断乳时期的菜单，让爸妈们可以练习，拟出属于自家宝宝的独特菜单。

初期彩虹菜单

星期一	星期二	星期三
西瓜汁	法式南瓜浓汤	哈密瓜果汁
樱桃米糊	南瓜板栗粥	青菜泥
红枣糯米糊	柿子米糊	菠菜鸡蛋糯米糊

星期四	星期五	星期六	星期日
牛奶芝麻糊	土豆牛奶汤	玉米土豆米糊	油菜水梨米糊
李子米糊	甜梨米糊	法式蔬菜汤	菠菜桃子糊
海带蛋黄糊	香蕉牛奶米糊	南瓜包菜粥	酪梨土豆米糊

中期彩虹菜单

星期一	星期二	星期三
参汤鸡肉粥	木瓜泥	鳕鱼花椰粥
银杏板栗鸡蛋粥	鸡肉南瓜粥	丁香鱼菠菜粥
	南瓜面线	菜豆粥

星期四	星期五	星期六	星期日
海带芽瘦肉粥	豆腐四季豆粥	茭白金枪鱼粥	芹菜红薯粥
板栗鸡肉粥	甜梨米糊	紫米豆花稀粥	鸡肉鲜蔬饭
豆腐秋葵糙米粥	香蕉牛奶米糊	黄花鱼豆腐粥	白菜胡萝卜汤

后期彩虹菜单

星期一	星期二	星期三
水果蛋卷	土鸡汤面	豆浆芝麻鱼肉粥
水果煎饼	牛肉山药粥	虾仁包菜饭
	豆腐蒸蛋	鲜虾花菜

星期四	星期五	星期六	星期日
洋葱牛肉汤	豌豆薏仁粥	牛肉饭	胡萝卜发糕
鸡肉炒饭	牛肉包菜粥	洋菇黑豆粥	黑豆胡萝卜饭
蔬菜土豆饼	香菇蔬菜面	蔬菜鸡蛋糕	什锦面线汤

图书在版编目（CIP）数据

288道断乳食，宝宝健康有保障 / 孙晶丹主编.--
乌鲁木齐：新疆人民卫生出版社,2016.8
ISBN 978-7-5372-6637-6

Ⅰ.①2… Ⅱ.①孙… Ⅲ.①婴幼儿－食谱 Ⅳ.
①TS972.162

中国版本图书馆CIP数据核字(2016)第150435号

288道断乳食，宝宝健康有保障

288 DAO DUANRUSHI, BAOBAO JIANKANG YOUBAOZHANG

出版发行	新疆人民出版总社 新疆人民卫生出版社
责任编辑	张鸥
策划编辑	深圳市金版文化发展股份有限公司
版式设计	深圳市金版文化发展股份有限公司
封面设计	深圳市金版文化发展股份有限公司
地　　址	新疆乌鲁木齐市龙泉街196号
电　　话	0991-2824446
邮　　编	830004
网　　址	http://www.xjpsp.com
印　　刷	深圳市雅佳图印刷有限公司
经　　销	全国新华书店
开　　本	185毫米×260毫米　16开
印　　张	12
字　　数	150千字
版　　次	2017年3月第2版
印　　次	2017年3月第2次印刷
定　　价	35.00元